AF452156

RÉSUMÉ DE CONFÉRENCES AGRICOLES

SUR

LES ENGRAIS CHIMIQUES

VERSAILLES

CERF ET FILS, IMPRIMEURS
59, RUE DUPLESSIS, 59

CHAIRE DÉPARTEMENTALE D'AGRICULTURE
DE SEINE-ET-OISE

I

RÉSUMÉ DE CONFÉRENCES AGRICOLES

SUR

LES ENGRAIS CHIMIQUES

LEUR EMPLOI, LEUR EFFICACITÉ ET LEUR CONTROLE

PAR

Gustave RIVIÈRE

Professeur départemental d'agriculture,
Directeur du Laboratoire agronomique de Seine-et-Oise

RECUEIL PUBLIÉ SOUS LES AUSPICES DU CONSEIL GÉNÉRAL
CONFORMÉMENT A UNE DÉLIBÉRATION EN DATE DU 26 AOUT 1884

VERSAILLES
IMPRIMERIE CERF ET FILS
59, RUE DUPLESSIS, 59

1885

EXTRAIT

DES PROCÈS-VERBAUX DU CONSEIL GÉNÉRAL

DE SEINE-ET-OISE

SESSION D'AOUT 1884

Séance du 26 Août

Une somme de 300 francs est attribuée à la chaire départementale d'agriculture, afin de permettre à M. Rivière de publier le résumé de ses conférences agricoles.

CRÉATION

CHAIRE DÉPARTEMENTALE D'AGRICULTURE

DE SEINE-ET-OISE

———

En conformité de la loi du 16 juin 1879, la chaire départementale d'agriculture de Seine-et-Oise a été créée à la suite d'un accord intervenu entre MM. les Ministres de l'Agriculture et de l'Instruction publique et le département de Seine-et-Oise.

M. Gustave Rivière, professeur départemental d'agriculture de la Mayenne et Directeur de la Station agronomique du même département depuis le 1er janvier 1876, a été nommé titulaire de la chaire départementale d'agriculture de Seine-et-Oise par un arrêté en date du 21 avril 1882. Cette disposition n'a commencé à avoir son effet qu'à partir du 1er septembre 1882.

Les attributions du Professeur départemental d'Agriculture sont déterminées par le décret du 9 juin 1880.

Elles comprennent :

1° Les conférences agricoles et horticoles dans les campagnes ;

2° L'enseignement agricole et horticole à l'Ecole Normale primaire, et, s'il y a lieu, dans les autres établissements d'instruction publique ;

3° Les travaux ou missions dont peut être chargé le Professeur par le Préfet du département ou par le Ministre de l'Agriculture.

Les conférences agricoles dans les campagnes sont faites suivant un programme arrêté chaque année par M. le Ministre de l'Agriculture. Elles sont au nombre de 26 au moins par an.

Les localités où elles ont lieu sont déterminées par le Préfet.

Un compte rendu de ces conférences est adressé par le Professeur, à la fin de chaque année au Préfet du département pour être transmis au Ministre de l'Agriculture ainsi qu'au Conseil général.

LES ENGRAIS CHIMIQUES

Messieurs,

Nommé Professeur départemental d'Agriculture de Seine-et-Oise par un arrêté en date du 21 avril 1882, j'ai l'honneur, dès l'ouverture de mon enseignement, de porter à votre connaissance que je me propose de venir chaque année parmi vous pour traiter les sujets agricoles qui offriront le plus d'actualité.

Aujourd'hui, en présence de la crise que nous traversons et qu'un concours de circonstances de diverses natures, a créé à notre pays, j'ai pensé que la question qui s'imposait en quelque sorte à mon attention, était celle qui se rapportait plus directement aux moyens susceptibles d'accroître les rendements de nos récoltes.

C'est pourquoi j'ai l'intention de vous entretenir dans cette réunion des puissants auxiliaires du fumier de ferme, c'est-à-dire des *Engrais chimiques,* sans lesquels toute agriculture véritablement soucieuse de ses intérêts est devenue impossible.

Malgré les conditions exceptionnelles dans lesquelles se trouvent placés un assez grand nombre d'entre vous, par suite de la proximité de Paris, conditions qui leur permettent de vendre avantageusement leurs pailles et leurs fourrages et de rapporter du fumier à la ferme pour compenser les pertes de matières fertilisantes exportées par ces récoltes, je n'en persiste pas moins à penser qu'il y a encore un véritable intérêt, dans la majorité des cas, à parfaire les qualités du fumier, dont la décomposition est lente, par une addition d'engrais du commerce, dont la prompte solubilité dans le sol, favorise très efficacement la végétation dès son début, en mettant à la portée des plantes tous les éléments nutritifs qui leur sont indispensables pour acquérir leur maximum de développement.

Comme sanction pratique à mon opinion, je me permettrai de vous faire observer que ce sont précisément les agriculteurs qui fabriquent le plus de fumier à la ferme et qui en importent en outre les plus grandes quantités de Paris ou de tout autre centre, qui font les achats les plus importants d'engrais industriels.

En présence, dis-je, de la crise agricole que nous subissons, et dont nous ne sortirons victorieux qu'à force d'énergie et de persévérance, il ne faut pas se contenter de produire, il faut produire avec des bénéfices certains, assurés.

Il faut faire converger tous nos efforts vers un même but : les hauts rendements. Il faut en quelque sorte arriver à dominer la situation qui nous est faite plutôt que de la subir.

Ce n'est pas, croyez-moi, en augmentant les emblavures qu'on arrivera à ce résultat, mais au contraire en les restreignant dans la mesure du possible, et en obligeant le sol, par des fumures convenables, à produire deux épis, là, où, autrefois, il n'en venait qu'un.

Le blé, comme les autres cultures d'ailleurs, donne un produit d'autant plus rémunérateur que le sol sur lequel il végète a été plus fécondé ; le produit, ne dépendant nullement de la surface emblavée mais de la fertilité de la terre.

J'aurai l'occasion de vous le démontrer péremptoirement tout à l'heure.

Tout le monde est d'accord, en effet, pour reconnaître
qu'il est plus avantageux, partant plus économique, de
récolter 30 hectolitres de froment sur un seul hectare que
d'obtenir le même rendement sur une surface double ; attendu que les dépenses relatives aux travaux de culture, à
la quantité de semence restent à peu près les mêmes pour
un petit comme pour un grand rendement.

Le prix de vente du froment ne tendant nullement à
augmenter, tandis que son prix de revient tend à s'élever
chaque jour davantage, par suite de la hausse croissante
du prix de la main-d'œuvre, il devient absolument nécessaire de faire de l'agriculture rationnelle.

C'est donc à vous, Messieurs, de produire d'abord le plus
d'engrais possible dans vos fermes *et de bien le soigner,*
ensuite à faire l'achat au dehors de ceux *seulement* qui
sont indispensables pour parfaire à l'insuffisance notoire
de celui que vous fabriquez.

Le fait a été reconnu depuis longtemps, si l'on ne veut
pas voir s'abaisser successivement le niveau du rendement
des récoltes, la plus vulgaire prudence commande de restituer au sol les éléments nutritifs qui lui ont été ravis par
les végétaux qui s'y sont succédé.

Nous ne sommes plus au temps où le cultivateur croyait
que le sol recélait une force mystérieuse et qu'il suffisait
de le remuer tant bien que mal, pour lui rendre la faculté
de produire de nouvelles récoltes. Grâce aux progrès réalisés par la chimie agricole, nous savons, non seulement
que les plantes ne forment point de toutes pièces les principes dont elles sont constituées. Mais nous connaissons en
outre les deux sources auxquelles elles puisent les éléments indispensables à leur développement.

Ces deux sources sont l'air et le sol.

Dans l'air, par leurs feuilles, elles absorbent l'acide carbonique (1), décomposent ce gaz sous l'influence de la lumière, en fixent le charbon et rejettent l'oxygène (2); dans le sol, par leurs racines, elles absorbent *indistinctement tous les éléments* qui se trouvent à leur portée.

Nous ne nous occuperons bien entendu dans cette conférence que de la nutrition souterraine; les phénomènes qui concourent à l'assimilation aérienne n'offrant pas pour nous d'intérêt pratique direct.

Si la composition de l'atmosphère, dans laquelle les végétaux puisent leur charbon semble demeurer invariable, il n'en est malheureusement pas de même de celle du sol qui, elle, varie considérablement. On pourrait presque dire autant de sols autant de compositions différentes.

Cependant, malgré cette diversité de composition quant à la quotité des principes qu'on y rencontre, la science n'en a pas moins bien démontré aujourd'hui que ces principes sont toujours les mêmes.

Or, si comme cela est prouvé, les plantes en prélèvent chaque année une certaine quantité pour subvenir à leurs besoins il doit fatalement en résulter un appauvrissement graduel et constant du sol relativement à ces principes, appauvrissement d'autant plus grand que les rendements auront été plus élevés.

On est alors tout naturellement amené à se demander, la restitution étant une loi impérieuse à laquelle nul ne peut se soustraire longtemps, à quelles sources il est pos-

---

(1) L'acide carbonique est un gaz formé de charbon et d'oxygène. L'air en renferme en volume : 3,19 sur 10,000 parties. La respiration des animaux, la combustion, la fermentation, la décomposition des matières organiques dans le sol sont autant de sources abondantes de ce gaz. L'eau de seltz n'est autre que de l'eau chargée d'acide carbonique.

(2) L'oxygène est un gaz incolore qui représente un peu plus du 1/5 de l'air que nous respirons.

sible de se procurer ces agents indispensables qui doivent assurer dans l'avenir la fertilité de nos champs.

Je tiens, dès maintenant, au commencement de cette conférence, afin que vous n'ignoriez pas quelle est mon opinion à cet égard, à vous affirmer que, la source principale qui demeurera à jamais la base de toute agriculture rationnelle, c'est le fumier.

Loin de moi donc la pensée de vous conseiller l'emploi exclusif des engrais chimiques et leur substitution complète à l'engrais de ferme.

Comme beaucoup d'autres choses, le fumier a des avantages et des inconvénients. Il reflète forcément les qualités et les défauts du sol qui a servi indirectement à le constituer : il est riche ou il est pauvre suivant que le sol était fertile ou misérable.

Il devient alors indispensable de lui adjoindre selon les circonstances, les *auxiliaires* ou autrement dit les éléments qui lui font défaut, afin qu'il puisse subvenir d'une manière aussi complète que possible à l'alimentation des récoltes.

Il est de toute évidence que si un sol ne renferme que peu d'acide phosphorique ou de potasse par exemple, le fumier qui en proviendra indirectement portera inévitablement la marque de son origine : il sera peu riche en ces éléments.

La question de la restitution des éléments nutritifs soustraits au sol par les plantes est une question essentiellement capitale pour notre agriculture. Il faut absolument se bien convaincre que les récoltes prélèvent chaque année des agents de fertilité qui ne reviendront jamais, si nous n'avons la prévoyance de les restituer à la terre de nos champs par des engrais pris en dehors de la ferme.

Pour préciser davantage et aussi pour vous donner une bonne idée de l'épuisement du sol par les plantes, j'ai l'honneur de mettre sou vos yeux le tableau suivant qui indique au premier coup d'œil, la quantité d'azote, d'acide phosphorique et de potasse enlevée au sol par 1,000 kilogrammes de récolte :

TABLEAU indiquant la quantité d'azote, d'acide phosphorique et de potasse enlevée au sol par 1,000 kilog. de récolte.

NATURE DES RÉCOLTES.		AZOTE.	ACIDE PHOS-PHORIQUE.	POTASSE.
Froment	Grain................	20.80	8.20	5.50
	Paille................	3.20	2.30	4.90
Seigle	Grain................	17.60	8.20	5.40
	Paille................	2.40	1.90	7.60
Orge	Grain................	16.00	7.20	4.80
	Paille................	4.80	1.90	9.30
Avoine	Grain................	17.90	5.50	4.20
	Paille................	4.00	1.80	9.70
Pommes de terre		3.20	1.80	5.60
Betteraves fourragères............		1.70	0.80	4.30
— à sucre................		1.60	1.10	4.00
Carottes (à collets verts)...........		2.10	1.10	3.20
A l'état vert	Herbe de pré (en fleur)...	4.40	1.50	6.00
	Trèfle rouge — ...	5.90	1.30	4.60
	Luzerne — ...	7.20	1.50	4.50
	Sainfoin — ...	5.10	1.20	4.60

Comme ce tableau le démontre (1), il ne faudrait pas songer, quoique en pensent certains esprits, avec le fumier seul, sans apport d'engrais et sans nourriture introduite du dehors, à combler le déficit existant dans la terre de l'exploitation après l'enlèvement d'une récolte.

Le fumier produit exclusivement sur la ferme ne pouvant *dans aucun cas* restituer la totalité des éléments soustraits au sol à l'état de fourrage ou de grain, puisqu'il n'en est lui-même qu'une partie, et encore jamais la plus

---

(1) Ces chiffres pris dans les tables de Wolf ne sont évidemment pas absolus, ils ne doivent être considérés que comme des moyennes.

riche, il ressort que la culture basée uniquement sur la production du fumier est une *culture spoliatrice*.

Croire le contraire, c'est se faire illusion.

En effet, à moins d'avoir affaire à des sols exceptionnellement fertiles, dont l'épuisement ne semble pas se faire encore sentir, il est matériellement impossible de maintenir leur fécondité primitive. Comme dit le vieil adage agricole : « *La terre est comme une armoire, on n'y prend que ce qu'on y met.* »

Il est en somme facile de concevoir que quand on exporte chaque année les produits de la ferme, plus particulièrement sous forme de grain, de viande, de fourrage, de paille, etc., etc., il arrivera forcément un moment où la terre refusera de produire des récoltes rémunératrices pour celui qui la cultive, sans vouloir envisager l'avenir. Ce moment, quoique ne pouvant être fixé à l'avance, n'en est pas moins limité par la fécondité initiale du sol.

Il résulte donc de ce qui précède que, plus on obtient de récoltes et plus on en livre au marché, plus on épuise son sol, conséquemment, plus il est nécessaire de lui rendre, par des engrais pris au dehors, les éléments de fertilité dont on l'a dépossédé en les exportant du domaine sous diverses formes.

Pour bien définir quels sont les éléments que vous devrez adjoindre au fumier afin de parfaire à son insuffisance et aussi afin de bien déterminer à l'avance les principes de la méthode que vous devrez suivre pour l'application des engrais industriels destinés à maintenir et mieux à élever encore davantage la fertilité des terres que vous exploitez, je vais avoir l'honneur de vous exposer en premier lieu les fondements sur lesquels repose la doctrine des engrais chimiques ; chemin faisant je vous ferai connaître comment la science est parvenue à lever le coin du voile qui nous cachait la vie mystérieuse des végétaux.

Nous étudierons ensuite l'origine des engrais du commerce, leur emploi, leur contrôle, et nous terminerons par leur efficacité.

Quand on soumet à l'analyse une plante quelconque, on y constate invariablement la présence de quatorze éléments principaux, toujours les mêmes, qui concourent tous, dans une plus ou moins grande mesure, à son activité et à son développement.

Ces éléments indispensables à la production végétale, que nous diviserons en deux catégories, sont :

Éléments organiques	L'Azote, constituant de l'air. Le Carbone, charbon. L'Hydrogène, L'Oxygène, } constituants de l'eau.
Éléments minéraux.	Le Phosphore dont la combinaison avec l'oxygène et la chaux constitue la majeure partie des os (Phosphates). Le Potassium combiné avec l'oxygène constitue la potasse. Le Calcium combiné avec l'oxygène forme la chaux. Le Magnésium combiné avec l'oxygène forme la magnésie. Le Sodium combiné avec l'oxygène forme la soude. Le Manganèse. Le Fer. Le Silicium combiné avec l'oxygène forme la silice. Le Chlore combiné avec le sodium constitue le sel de cuisine. Le Soufre.

Quoique ces quatorze éléments, qui se combinent entre eux suivant des modes variés, soient tous nécessaires, je vous le répète, au développement des végétaux, il n'est cependant pas indispensable de les restituer tous et en totalité au sol, par la raison fort simple que dans la plupart des cas, il s'en trouve lui-même abondamment pourvu pour subvenir aux besoins d'un grand nombre de récoltes.

Ceux qui font le plus souvent défaut et dont l'importance est capitale, les plantes en faisant relativement une très grande consommation, sont : d'abord l'*azote* et l'*acide phosphorique,* ensuite la *potasse* et la *chaux.*

Dans beaucoup de terres, la potasse n'est pas aussi souvent absente qu'on a bien voulu le dire, aussi sa restitution ne devra-t-elle s'effectuer que quand on aura constaté son efficacité sur les récoltes ; quant à la chaux, dans les sols où l'absence de cette base aura été démontrée, c'est aux chaulages qu'on aura recours.

Une certaine quantité d'azote étant rapportée *au sol* par l'atmosphère, nous nous contenterons de ne lui restituer qu'une partie de celui qui est nécessaire pour l'alimentation d'une récolte. Quant à l'hydrogène et à l'oxygène qui constituent l'eau, et au charbon qui est puisé dans l'air, il devient absolument inutile d'en faire l'objet de nos préoccupations. Ces trois derniers éléments auxquels il faut adjoindre l'azote forment les éléments volatils des végétaux, tandis que les dix autres, qu'on appelle éléments fixes, constituent leur résidu ou cendres lorsqu'on les soumet à l'incinération. Les premiers entrent dans la composition des plantes pour une proportion énorme, 95 centièmes, tandis que les seconds, *les plus importants* pour nous, pour 5 centièmes seulement.

J'ajouterai, afin de vous montrer la corrélation qui existe entre les végétaux et les animaux, que ces quatorze éléments essentiels, qu'on rencontre, il est vrai, en proportions variables suivant les espèces dont on fait l'analyse, se retrouvent toujours associés dans le règne végétal et dans le règne animal.

Nous allons étudier maintenant, Messieurs, comment la science est parvenue à découvrir les éléments qui sont plus particulièrement indispensables aux plantes.

C'est à M. Georges Ville que revient l'honneur d'avoir démontré, à l'aide d'une méthode simple et d'expériences aussi claires qu'ingénieuses, les lois générales qui président à la vie des végétaux.

C'est lui, en effet, qui a su fondre les travaux de ses devanciers avec ceux qui lui étaient personnels pour constituer un tout, qu'on appelle aujourd'hui *la doctrine des engrais chimiques;* doctrine dont il s'est fait, avec un rare talent, l'ardent propagateur.

Ces lois étant mises au jour, il ne s'agit plus désormais que de nous servir de la plante comme d'un *véritable outil* en mettant en action, à notre profit, les forces naturelles dont elle est douée.

M. G. Ville, pour développer et démontrer d'une manière aussi péremptoire que possible la solution de l'important problème de la vie végétale, imagina de prendre pour base de toutes ses expériences ultérieures, un sol formé uniquement par du sable pur préalablement calciné, c'est-à-dire du sable auquel on avait eu le soin d'enlever les dernières traces de principes qui auraient pu procurer quelques aliments aux plantes.

Comme on le conçoit fort bien, ce sable ne pouvait alors offrir aux végétaux qu'un support perméable, un simple appui contenant de l'air et de l'eau.

M. G. Ville sema dans ce sol misérable un grain de froment. Le grain germa, la plante, à laquelle il donna naissance, végéta chètivement, tout en accomplissant régulièrement cependant les diverses phases de sa végétation et accusa comme résultat final, pour un gramme de semence six grammes de récolte.

Ce sol factice ne lui offrant forcément que les éléments de l'eau — oxygène et hydrogène — provenant de l'eau d'arrosage, son augmentation de poids ne pouvait être attribuée qu'à ces éléments et à une soustraction faite dans l'atmosphère.

C'est en effet dans l'air, par ses feuilles, que la plante s'était emparée du carbone qu'elle avait pu y rencontrer sous forme d'acide carbonique.

Afin de bien prouver que c'est exclusivement dans l'air que les végétaux puisent leur carbone, M. G. Ville sema également du froment dans du sable inerte, mais contenant toutefois de l'humus. De même que dans du sable calciné, la plante accusa toujours pour un gramme de semence six grammes de récolte.

L'humus n'avait par conséquent produit aucun résultat appréciable.

Les trois premiers éléments, l'hydrogène, l'oxygène et le carbone, qui représentent cependant plus des neuf dixièmes du poids d'une plante, étaient restés impuissants.

Le savant professeur du Muséum ajouta alors le quatrième élément organique, l'azote, aux trois premiers, toujours dans le sol factice que nous connaissons.

Cette fois il s'opéra dans la végétation de la plante un changement extrêmement sensible. Resté jaunâtre, pâle, pendant sa vie dans les expériences précédentes, le feuillage du froment prit un aspect vert foncé très accusé ; mais son activité s'arrêta ensuite tout à coup ; sa graine se forma avant qu'elle ait pu prendre un grand développement. A sa maturité elle accusa 9 grammes de récolte au lieu de 6. Les quatre éléments organiques n'avaient donc pu satisfaire complètement aux besoins du blé.

Ces résultats obtenus, M. G. Ville répéta la même série d'expériences avec les éléments minéraux.

Dans une première expérience, il ajouta tous les minéraux au sable calciné.

La culture fut la même que dans la série précédente, et la déception fut la même également : le froment ne produisit qu'une plante étiolée reflétant sa souffrance. Comme le fit observer M. G. Ville, il ne restait plus à exécuter qu'une seule tentative pour épuiser toutes les combinaisons ; c'était de réunir les éléments organiques et minéraux dans le même sol.

Dans cette expérience le contraste fut saisissant, la plante végéta comme dans un sol fécond, le chaume robuste supportait un épi contenant un grain abondant.

Mais on pouvait encore se demander quels sont, parmi les éléments minéraux, ceux qui ont le plus d'influence sur la récolte, sachant déjà que parmi les éléments organiques c'était l'azote qui nous avait montré le plus d'efficacité.

M. G. Ville entreprit alors une troisième série d'expériences : il ajouta successivement à une dose déterminée et fixe d'azote, tous les éléments minéraux.

Comme on le voit, l'exclusion portant à tour de rôle sur chacun d'eux, il devenait facile, en faisant en quelque sorte *parler* chaque plante en expérience, de traduire l'influence de chacun des éléments ajoutés au sol.

Les résultats s'accusèrent ainsi :

En supprimant les phosphates, les plantes en expérience restèrent grêles et sans force, se flétrirent, et le rendement tomba à zéro.

D'où il ressort immédiatement que les phosphates ont une importance capitale. Non seulement ils sont indispensables au développement et à la constitution des végétaux, mais encore ils sont nécessaires parce qu'ils facilitent par leur présence l'assimilation des autres minéraux.

Ce sont eux qui, avec l'azote, forment les matières albuminoïdes contenues dans les plantes et qui sont connues sous le nom d'albumine végétale, de gluten, etc.

En supprimant la potasse, le rendement n'excéda pas 6 grammes de récolte ; tous les autres éléments ensemble ne suffirent pas pour faire dépasser ce résultat minimum.

Quoique la potasse et la soude aient entre elles de grandes affinités, cette dernière qui se trouvait cependant dans ce sol factice, n'avait pu se substituer complètement à la potasse.

En supprimant la chaux l'effet ne fut pas très accusé : de 22 grammes dans un sol renfermant les éléments organiques et minéraux, la récolte ne diminua que de 2 grammes ; elle se réduisit à 20 grammes.

En supprimant totalement la magnésie les effets furent les mêmes qu'avec la potasse : très mauvais.

Quant aux autres éléments, quoique leur utilité soit en principe incontestable, vous me permettrez néanmoins de passer leur action sous silence attendu qu'ils n'ont pour nous aucune importance.

On les rencontre d'ailleurs dans tous les sols en telles quantités qu'il est absolument inutile de se préoccuper de leur restitution.

Nous pouvons donc déduire des expériences qui précèdent que l'azote, l'acide phosphorique, la potasse, la magnésie et la chaux sont absolument indispensables aux plantes pour accomplir normalement les différentes phases de leur évolution naturelle, et que, étant donné un sol dans lequel un d'entre eux viendrait à faire totalement défaut, la récolte en serait influencée d'une manière très préjudiciable.

Cependant, il faut convenir qu'en réalité, comme j'aurai d'ailleurs l'occasion de vous le prouver, par un genre d'expérimentation sur lequel j'appellerai tout particulièrement votre attention, on ne se trouve jamais en présence d'un sol aussi misérable que celui dont le savant expérimentateur du Muséum a fait usage dans ses expériences.

Un sol peut manquer de un ou de plusieurs éléments, mais il ne manque jamais de tous à la fois.

Aussi n'aurons-nous généralement recours dans la pratique qu'à la restitution de l'azote et de l'acide phosphorique ; la potasse, la chaux et la magnésie faisant assez rarement défaut dans la plupart des sols du département de Seine-et-Oise.

Donc, quoique tous les éléments soient indispensables en principe pour concourir à la production des récoltes, ils n'ont cependant pas tous la même importance, quand on se place au point de vue exclusif de leur restitution au sol.

La restitution de certains d'entre eux ne donnant pas de résultat immédiat par suite de leur abondance relative dans le sol, il deviendra souvent inutile de les lui rendre sans délai.

Ce ne serait, somme toute, pour l'instant, qu'une dépense sans profit : ce que je suis loin de vous recommander.

En agriculture, comme en beaucoup de choses, la question économique doit primer toutes les autres.

Le sol peut donc être considéré comme un milieu inerte, servant de support aux végétaux, et en même temps comme une mamelle dans laquelle ils rencontrent, à côté de propriétés physiques particulières, communiquées par l'humus, l'argile, le calcaire et le sable, des éléments chimiques relativement simples, destinés à subvenir directement à leur alimentation.

D'après ce que je viens d'exposer, il vous sera toujours facile, Messieurs, de constater quels sont les besoins des sols que vous cultivez, partant, ceux des plantes elles-mêmes en les faisant, en quelque sorte, *parler*.

Ce que je vous conseille en effet, c'est d'effectuer l'analyse de vos sols en les soumettant à une épreuve pratique exclusivement basée sur les réponses des plantes.

Nous y reviendrons tout à l'heure.

Parmi les quatorze éléments composant le sol et qui y revêtent nécessairement diverses combinaisons, les uns agissent souvent mécaniquement en lui communiquant des propriétés différentes suivant leurs quantités respectives ; telles sont : le *sable*, l'*argile*, le *calcaire*, l'*humus ;* tandis que les autres procurent immédiatement aux plantes la nourriture qui leur est nécessaire pour accomplir *les phases* de leur végétation ; tels sont les *nitrates*, les sulfates, etc. Sans vouloir conclure que les éléments mécaniques ne concourent pas dans une certaine mesure à l'alimentation des végétaux, ce qui ne serait pas exact, attendu qu'avec le temps et sous l'influence de l'acide carbonique et de l'eau ils deviennent solubles ; il ne faudrait pas déduire non plus que les éléments, tels que les phosphates et autres composés qui se trouvent dans le sol, sont immédiatement solubles et par conséquent assimilables par les plantes. Ils sont au contraire relativement peu solubles et leur solubilité est variable suivant les diverses combinaisons dans lesquelles ils sont engagés, et aussi selon la composition générale des différents terrains.

La plus grande partie des principes contenus dans le sol sont en réserve et ne sont offerts aux plantes que d'une manière plutôt parcimonieuse.

Il est fort heureux d'ailleurs qu'il en soit ainsi, car, si les éléments recélés par le sol étaient rapidement solubles, depuis longtemps déjà les eaux en auraient entraîné la presque totalité et la terre serait de nos jours complètement nue de végétation.

Aussi, quoiqu'un sol accuse à l'analyse une proportion relativement élevée d'éléments nutritifs, on ne peut pas en déduire cependant qu'il pourra les fournir dans un temps convenable aux plantes qu'on lui confiera, par la raison que les agents ou réactifs dont dispose le chimiste dans le laboratoire attaquent indistinctement les agents solubles, par conséquent immédiatement assimilables, aussi bien que ceux en réserve, qui ne deviendraient solubles qu'au bout d'un nombre d'années qu'il est impossible de déterminer.

Toutefois, il faut reconnaître que l'analyse chimique d'une terre est cependant pour nous d'un certain intérêt. C'est elle, en effet, qui nous permet dans tous les cas d'être au courant de la comptabilité de notre sol en nous indiquant la quantité totale de chacun des principes fertilisants qui s'y trouve être contenue.

Si elle est impuissante à nous fournir des notions précises relativement aux éléments de fertilité révélés en abondance par elle dans le sol que nous cultivons, elle devient cependant d'une importance réelle à l'égard *de ceux qui font défaut ou qui ne s'y trouvent qu'en très faible proportion.*

L'analyse chimique ne pouvant toutefois exactement nous renseigner sur les besoins immédiats des plantes dans un sol donné, c'est à la méthode expérimentale appliquée aux plantes elles-mêmes que nous nous adresserons pour nous éclairer sur le véritable degré de fertilité de nos champs.

Nous demeurerons ainsi, *non dans le domaine des doctrines pures, mais sur le terrain de la pratique.*

Les conclusions que nous tirerons des faits accusés par l'expérimentation directe seront absolument péremptoires ; ce seront des témoignages tangibles dont nous pourrons nous servir dans l'avenir comme d'un guide de notre pratique agricole.

Nous avons reconnu antérieurement en nous appuyant sur les expériences de M. G. Ville, quels sont les éléments qui concourent plus particulièrement à la constitution des récoltes. Ce sont : l'azote, l'acide phosphorique, la potasse et la chaux. Nous avons reconnu également que ces principes indispensables à tous les sols pour alimenter les végétaux pouvaient provoquer *à eux seuls,* suivant qu'ils étaient réunis ou qu'un d'entre eux venait à faire défaut, la fertilité ou la stérilité.

J'ai ajouté alors que, si théoriquement un sol pouvait manquer d'un ou de plusieurs éléments, il n'était guère possible de rencontrer une terre où ils manquassent tous à la fois.

De là, à l'expérimentation directe, vous voyez, Messieurs, qu'il n'y a qu'un pas ; vous avez déjà en partie deviné la méthode que je vais vous conseiller d'adopter pour exécuter vous-même l'analyse de vos sols par les plantes.

Voici la marche que je vous engage à suivre pour poser en quelque sorte des questions aux plantes et pour obtenir d'elles des réponses affirmatives, ne pouvant prêter en aucun cas à l'équivoque.

Les engrais analyseurs, comme on les appelle, se composent d'un engrais dit *complet*, c'est-à-dire renfermant les quatre éléments de fertilité : l'azote, l'acide phosphorique, la potasse et la chaux ; puis d'engrais incomplets, c'est-à-dire d'engrais renfermant tous les éléments de fertilité à l'exception d'un seul que l'on fait varier à tour de rôle.

Dans le premier, c'est l'azote qu'on exclut ;
Dans le second, c'est l'acide phosphorique ;
Dans le troisième, c'est la potasse ;
Et dans le quatrième, c'est la chaux.

Si on opère sur un champ de froment, l'épandage s'exécute en couverture au printemps. Je reviendrai en détail sur ce sujet.

Considérant que dans la plupart des sols de Seine-et-Oise la chaux ne fait généralement pas défaut, j'écarterai à dessein cet élément des expériences.

En supposant maintenant que nous épandions ces quatre sortes d'engrais sur quatre parcelles d'égale étendue, d'un champ dont nous voulons connaître l'élément ou les éléments qui existent ou qui font défaut, il nous sera facile à la récolte, si nous avons eu la précaution de réserver une cinquième parcelle *sans engrais chimique*, de juger de l'efficacité des différents éléments ajoutés au sol, en comparant les rendements des diverses parcelles engraissées avec la récolte du témoin. Si c'est sur le froment que les engrais analyseurs ont été éprouvés et que la récolte se soit annoncée sur les différentes parcelles comme l'indique ce tableau :

Engrais complet............	30 hectolitres à l'hectare.			
— sans potasse......	29	—		—
— sans phosphore (1)	20	—		—
— sans azote	14	—		—
Sans engrais (Témoin)......	12	—		—

Nous en conclurons, *d'après les réponses des plantes* elles-mêmes, que le sol sur lequel nous avons expérimenté *manque plus particulièrement de l'élément azote ;* qu'un apport d'*acide phosphorique* lui serait également favorable puisque le rendement de la récolte s'est abaissé par suite de l'insuffisance de ces éléments, de 30 à 14 et de 30 à 20 hectolitres de grain à l'hectare ; que la parcelle sur laquelle la potasse avait été exclue ayant donné un rendement à peu de chose près égale à la parcelle qui avait reçu l'engrais complet, il devient inutile, *au point de vue économique,* de la lui restituer.

Ce serait donc plus particulièrement à l'azote d'abord et à l'acide phosphorique ensuite que nous devrions nous adresser pour maintenir la fertilité d'une terre analogue à celle que j'ai prise pour exemple et aussi afin d'arriver à produire plus économiquement les récoltes que nous lui demandons.

Vous devez remarquer, Messieurs, que par la méthode simple d'investigation que je viens de vous exposer brièvement, rien n'est laissé au hasard ; tout est exécuté rationnellement. Il vous sera donc toujours facile, en vous adressant directement aux plantes, d'obtenir d'elles les

---

(1) En restituant l'acide phosphorique on restitue forcément une assez grande quantité de chaux ; l'acide phosphorique dans les engrais du commerce étant plus particulièrement combiné avec cette base.

indications qui vous sont les plus nécessaires pour maintenir dans le sol la somme d'éléments qui sont indispensables à toute végétation, par conséquent de dépasser quand vous le voudrez les petites récoltes, qui resteront toujours malgré vous les plus chères à produire : les frais de main-d'œuvre et d'engrais n'augmentant pas proportionnellement à la récolte mais diminuant au contraire dans une large mesure avec l'élévation des rendements.

Dans la pratique, voici comment je vous conseille de faire usage des engrais analyseurs sur le froment.

Le sol ayant été fumé ou n'ayant reçu aucune application directe d'engrais de ferme (1) — peu importe d'ailleurs, les résultats devant rester comparables — vous procéderez au printemps à la délimitation exacte de cinq parcelles d'un are chacune, sur lesquelles vous épandrez, fin février, mars, commencement d'avril au plus tard, et de préférence par un temps menaçant pluie, les engrais ci-dessous désignés à la dose suivante :

1re parcelle : *Engrais complet.*	Nitrate de soude.............	2 kil.
	Superphosphate de chaux....	3
	Chlorure de potassium.......	1
2° parcelle : Engrais sans azote.	Superphosphate de chaux....	3
	Chlorure de potassium.......	1
3° parcelle : Engrais sans potasse.	Nitrate de soude.............	2
	Superphosphate de chaux....	3
4° parcelle : Engrais sans acide phosphorique.	Nitrate de soude.............	2
	Chlorure de potassium.......	1
5° parcelle : Témoin.	Sans engrais chimique.......	»

Vous terminerez l'opération de l'épandage par un coup de herse sur toute la surface du champ d'expériences. Un

---

(1) C'est le cas pour le blé qui suit une betterave.

coup de rouleau après le hersage est une excellente pratique que je vous recommande.

Je ne veux pas entrer plus avant dans le détail de l'épandage des engrais chimiques, devant y revenir dans quelques instants ; je ne désire ici que vous indiquer simplement le principe même de la méthode.

Donc avec quelques poignées de ces précieux agents de fertilisation on ne laisse rien au hasard, car on possède en quelque sorte dans sa main le moyen d'assurer la fertilité de son sol.

De ce que je viens de vous exposer et des déductions que vous pourrez tirer vous-mêmes de vos champs d'expériences, il ressort suffisamment que la culture ne peut pas être exclusivement basée sur la production du fumier de la ferme, qu'il est nécessaire de faire des apports d'engrais du dehors, si nous voulons maintenir la fertilité initiale de notre sol.

Non seulement il est nécessaire d'avoir à sa disposition un outillage perfectionné pour lutter contre la concurrence étrangère, partant contre l'avilissement des prix, mais il devient encore indispensable, afin de rendre cet outillage véritablement efficace, de faire emploi de ces éléments de fécondité qui sont offerts aujourd'hui par le commerce à des prix relativement bas, *dans les engrais chimiques simples* dont je vous conseille plus particulièrement l'emploi.

En créant des champs d'expériences analogues à celui que je viens de vous indiquer, vous ne vous engagerez certes pas dans de grandes dépenses : vous ne redouterez donc point les insuccès.

Comme j'ai déjà eu l'honneur de vous le dire en commençant cette conférence, quoique je considère le fumier comme l'engrais sur lequel doit reposer la richesse de la ferme, il n'en est pas moins bien démontré que, reflétant les défauts du sol dont il provient, on ne peut prétendre par son usage exclusif à l'élévation de la fécondité du sol.

Par l'emploi des engrais du commerce, au contraire, remplissant le rôle d'auxiliaires, on compense facilement le déficit des éléments exportés annuellement par les récoltes.

Il ne faudrait pas croire que les engrais chimiques soient de simples *excitants* : ce sont de *véritables engrais* dans le sens propre du mot. Ils contiennent sous un état particulier, et le plus souvent très soluble, les éléments dont les plantes sont avides pour assurer leur développement.

Sous une forme peu encombrante ils contiennent à l'état de sels les principaux éléments de fertilité que renferme le fumier sous un volume beaucoup plus grand.

Les engrais ne doivent pas forcément provenir de résidus divers exhalant une odeur nauséabonde et avoir un aspect plus ou moins malpropre pour posséder les qualités qui les font rechercher, c'est là une erreur qu'il est nécessaire de combattre, car c'est elle qui a malheureusement accrédité autrefois auprès des agriculteurs beaucoup d'engrais sans valeur, mais qui par contre avaient la couleur traditionnelle et une odeur infecte.

Que l'azote soit fourni aux plantes à l'état nitrique par le fumier après que celui-ci a subi différentes modifications, ou qu'il leur soit directement servi par le nitrate de soude, peu nous importe pourvu qu'il élève économiquement le rendement de la récolte. Le cultivateur ne doit pas rechercher les subtilités ; il ne doit se préoccuper que d'une chose : faire de l'argent avec l'agriculture.

D'aucuns prétendent que les engrais chimiques épuisent le sol, c'est une façon de parler qui n'est pas absolument exacte, car il serait plus conforme à la vérité de dire que ce sont les grosses récoltes qu'ils procurent qui appauvrissent la terre.

Je persiste à penser néanmoins qu'il n'est personne parmi vous, Messieurs, qui veuille s'abonner désormais aux petites récoltes pour se donner la satisfaction de conserver à son sol la plus grande somme possible de ses éléments constituants.

Si les engrais chimiques ne rapportent pas intégralement au sol tous les éléments qui lui ont été soustraits par les récoltes, c'est uniquement parce que nous jugeons plus rationnel d'agir autrement et que nous considérons qu'il est plus économique de ne lui restituer que ceux qui lui sont particulièrement indispensables.

En effet nous ne rendons volontairement au sol par les engrais chimiques que l'azote, l'acide phosphorique, la potasse et la chaux, par la raison que ce sont ces éléments de fertilité qui lui font le plus souvent défaut, et nous ne nous préoccupons pas de lui restituer les autres, tels que : l'alumine, l'oxyde de fer, etc., parce que s'y rencontrant déjà en notables quantités nous ne craignons nullement de voir, de si tôt, leur réserve s'anéantir.

Ce sont, d'ailleurs, les plantes elles-mêmes qui nous ont appris à procéder de la sorte.

Toutefois, le jour où l'expérimentation directe nous révèlerait qu'un autre principe, la magnésie, par exemple, commence à faire quelque peu défaut dans le sol que nous cultivons, rien ne serait plus simple que de la lui restituer isolément et dans des proportions convenables, pour être rémunératrices : ce qui est matériellement impossible de réaliser par l'emploi exclusif du fumier.

C'est précisément pour cette raison que nous avons recours aux engrais complémentaires afin de parfaire à l'insuffisance de l'engrais de ferme, relativement à la quotité des éléments qu'il contient.

J'ajouterai encore quelques mots pour terminer cet important sujet.

C'est le fumier qui communique en grande partie à la terre sa porosité, ses propriétés hygrométriques et absorbantes, c'est encore lui qui détermine la fixation de l'azote de l'air par suite de la décomposition de sa matière organique sous l'influence de l'électricité à faible tension.

Il s'impose donc à vous, Messieurs, par ses importantes propriétés; c'est à vous aussi à reconnaître ses défauts sans parti pris et à lui adjoindre les puissants auxiliaires qui lui sont indispensables pour parer à l'insuffisance de certains de ses éléments.

La culture de la terre ne peut donc s'exécuter rationnellement, soit avec le fumier seul, soit avec les engrais chimiques employés d'une manière exclusive, mais au contraire par leur association dans la limite que la situation économique est seule capable de décider.

Tantôt suivant les circonstances, ce sera à l'azote que vous devrez plus particulièrement vous adresser, tantôt ce sera à l'acide phosphorique, souvent aussi ce sera aux deux ensemble; ceci dépendra évidemment des sols que vous cultiverez et aussi des indications qui vous auront été fournies par les plantes, si vous avez eu le soin toutefois d'établir de petits champs d'expériences, afin de les consulter sur les éléments qui font défaut ou qui existent en abondance dans la terre de vos champs.

J'aurai l'occasion de vous le répéter, il faut être prudent dans l'emploi de l'azote, d'abord parce qu'il coûte fort cher, ensuite parce qu'il causerait la verse des céréales si vous aviez le tort d'en abuser.

En ce qui concerne l'acide phosphorique on n'a rien à redouter; un apport même très considérable de cet élément dans le sol n'est pas un danger; bien au contraire, c'est un capital qui ne tarde pas à porter ses fruits, dans les terres où cet élément se rencontre en quantité insuffisante.

L'excès de potasse pouvant quelquefois être nuisible, il faudra toujours être réservé dans son emploi.

Il faut en tout craindre de dépasser le but, l'excès même des bonnes choses mettant toujours en perte celui qui expérimente.

Si vous le voulez bien, maintenant que nous avons vu comment on était arrivé à faire en quelque sorte la sélection des éléments plus particulièrement *indispensables* aux plantes, nous allons nous occuper de leur origine, de leur composition, de leur emploi, nous aborderons ensuite leur contrôle et la valeur moyenne de leurs éléments.

DE L'AZOTE

ET DES ENGRAIS AZOTÉS

L'azote se rencontre dans la nature sous plusieurs états, soit libre, comme dans l'air, dont il constitue les 79 centièmes, soit combiné à d'autres éléments pour former des sels — le nitrate de soude et le sulfate d'ammoniaque, dont nous nous occuperons plus loin, en sont des exemples — soit engagé dans la matière organique, dont il fait partie intégrante, comme dans la chair musculaire, la laine, etc., etc.

Il ne nous est pas indifférent, au point de vue pratique, de savoir à quel état les plantes s'assimilent l'azote, d'abord afin de le restituer au sol qui doit les alimenter sous la forme qui leur convient le mieux, ensuite à cause de son prix de vente relativement élevé, qui varie suivant la combinaison qu'il revêt.

C'est plus particulièrement à l'état nitrique ou à l'état ammoniacal que les plantes s'assimilent l'azote nécessaire à leur développement.

Il n'est nullement prouvé qu'elles le puisent à l'état libre dans l'atmosphère.

Aucune expérience n'a, en effet, démontré d'une façon incontestable l'assimilation directe de l'azote à l'état gazeux par les plantes légumineuses ou autres.

Lors même qu'on enfouit l'azote à l'état organique dans le sol par les fumiers, pour subvenir aux besoins des récoltes, cet azote, avant d'être absorbé, se transforme en sels ammoniacaux et en nitrates.

Il est même très probable que c'est exclusivement sous cette dernière combinaison, c'est-à-dire à l'état de nitrate, que l'azote est absorbé par les racines des plantes.

Ce qui tend à faire pencher vers cette hypothèse, c'est que l'azote, appliqué à l'état nitrique, influence plus efficacement les récoltes que l'azote qui leur est fourni à l'état ammoniacal, et cela le plus généralement, mais aussi parce qu'on n'ignore pas que l'ammoniaque se transforme très facilement en nitrate en présence de l'oxygène favorisé par une matière poreuse (1).

C'est précisément le cas au sein de la terre arable.

Si, malgré les prélèvements annuels faits par les récoltes, le capital azote s'accroît dans le sol au lieu de s'abaisser, il ne faut cependant pas attribuer cet accroissement à la fixation directe de l'azote libre contenu dans l'atmosphère par certaines familles de plantes, telles que les légumineuses, mais simplement à la fixation de cet azote par les matières organiques provenant, soit de la dépouille des plantes elles-mêmes, soit des fumiers que nous avons enfouis et qui se décomposent lentement dans le sol (2).

Cette décomposition ne s'opérant naturellement qu'à la longue, il s'en suit nécessairement que, pour obtenir de hauts rendements, il devient indispensable, dans la majorité des cas, de fournir au sol une certaine quantité d'azote à l'état très assimilable, afin de permettre aux récoltes de

---

(1) Certains ferments jouissent de la même propriété.

(2) C'est M. Boussingault qui a démontré que les végétaux ne puisaient pas d'azote à l'état libre dans l'air, et c'est M. Berthelot qui a découvert que l'azote libre pouvait se combiner directement à du sucre, à de la cellulose sous l'influence de l'électricité à faible tension.

trouver immédiatement à leur portée une nourriture toute préparée pour subvenir rapidement à leurs impérieux besoins.

Dans le commerce, l'azote se rencontre à l'état nitrique, ammoniacal ou organique : à l'état nitrique, dans le nitrate de soude et dans le nitrate de potasse ; à l'état ammoniacal, dans le sulfate d'ammoniaque, et à l'état organique, dans une foule de résidus d'industries diverses.

Nitrate de soude.

Le nitrate de soude ou azotate de soude, appelé quelquefois aussi salpêtre cubique, est un sel blanc formé par la combinaison de l'acide nitrique et de la soude. Il nous vient du Pérou dans un état de pureté très satisfaisant.

Il contient en moyenne 95,50 p. 0/0 de nitrate de soude pur, ce qui correspond à environ 15,70 p. 0/0 d'azote. Son prix à Dunkerque est, à l'heure où je vous parle, de 30 fr. les 100 kilogr. D'où il ressort que l'azote vaut 1 fr. 91 le kilogr. (1).

Emploi. — Le nitrate de soude étant l'engrais le plus azoté après le sulfate d'ammoniaque, je vous conseille de ménager son emploi. La dose moyenne dont il faut faire usage est de 150 à 200 kilogrammes à l'hectare pour les céréales.

Je ne vous engage pas à beaucoup dépasser cette quantité : vous augmenteriez la paille sans favoriser le grain. Pour les plantes fourragères, c'est toute autre chose : on peut sans crainte dépasser 200 kilogr. à l'hectare, la verse n'est plus à redouter.

L'épandage du nitrate de soude aura lieu de préférence

---

(1) Par suite du monopole détenu par les Anglais le prix du nitrate de soude est extrêmement variable : il varie d'une semaine à l'autre. Il a valu 21 fr. 50 les 100 kilog. au printemps dernier.

au printemps. Je suis très partisan de l'emploi de cet engrais en couverture ; il procure d'excellents résultats pour une dépense relativement faible. Aux froments qui ont été influencés par les gelées ou par l'humidité de l'hiver, il fait recouvrer une végétation luxuriante en l'espace de quelques semaines. On peut dans cette circonstance forcer la dose sur les parties qui ont été les plus éprouvées. On croirait, tellement cet engrais est actif, voir naître du plant là où l'on n'en soupçonnait pas. Le nitrate de soude a en effet l'immense avantage de faire beaucoup thaller les céréales ; c'est ce qui explique souvent les merveilleux résultats qu'on en obtient.

Il possède, en outre, une propriété qui lui est spéciale parmi les engrais, propriété que je tiens à ne point passer sous silence, parce qu'elle est importante au premier chef : il est très hygrométrique.

C'est-à-dire qu'il absorbe l'eau partout où il la rencontre.

Il en résulte qu'il a pour nous, au point de vue agricole et plus particulièrement dans les sols légers, un précieux avantage : c'est celui d'y maintenir, à la disposition des racines des plantes, pendant les périodes les plus chaudes de l'été, une quantité d'eau relativement élevée.

Quand, en effet, du nitrate de soude a été appliqué à une récolte, il est assez facile de reconnaître sa présence. Non seulement le chaume est d'un vert très intense, si c'est une céréale, mais en outre le sol présente un aspect humide qui, le matin, pourrait faire supposer qu'il vient d'être arrosé.

Absorbant pendant la nuit l'humidité qui existe à l'état vésiculaire dans l'atmosphère, il la fixe en quelque sorte dans la terre, qui, elle à son tour, la dispense pendant le jour aux récoltes pour subvenir à leur évaporation.

Là est sans doute l'explication de la vie plus prolongée du chaume des céréales qui ont végété sur un sol engraissé avec du nitrate de soude.

Nitrate de potasse.

Je ne vous rappelle le *nitrate de potasse,* que vous connaissez mieux sous le nom de *salpêtre* ou de sel de nitre. que pour mémoire.

J'estime que son prix est beaucoup trop élevé, étant donnés les résultats qu'on en obtient comparativement à ceux procurés par l'emploi du nitrate de soude ou du sulfate d'ammoniaque, pour être utilisé économiquement en agriculture. Son prix est, à cette heure, de 52 fr. les 100 kilogr.

En supposant qu'il soit constaté qu'une terre manque simultanément d'azote et de potasse, il sera toujours possible de lui restituer ces deux éléments à un prix souvent moins élevé que dans le nitrate de potasse seul, en faisant usage de nitrate de soude, d'une part, et de chlorure de potassium, d'autre part.

Le nitrate de potasse contient, dans le commerce, de 40 à 46 p. 0/0 de potasse et 12 à 13,50 p. 0/0 d'azote.

Sulfate d'ammoniaque.

Le sulfate d'ammoniaque, comme le nitrate de soude et le nitrate de potasse, dont je viens de vous entretenir, est également un sel. Les voici tous les trois : vous pouvez juger et comparer.

Ordinairement blanc, le sulfate d'ammoniaque se présente quelquefois cependant sous un aspect grisâtre, gris bleuâtre ou jaunâtre, suivant sa provenance. C'est un produit industriel.

Il provient du traitement des eaux vannes de la vidange ou des eaux ammoniacales des usines à gaz.

Son origine est toujours trahie par son odeur. Pur, il contient 21,21 p. 0/0 d'azote. Dans le commerce, quand il a été bien fabriqué, l'analyse y révèle 20 p. 0/0 environ d'azote. Plutôt plus que moins.

Son prix est de 33 fr. les 100 kilogr., ce qui fait ressortir le prix du kilogramme d'azote à 1 fr. 65.

C'est l'engrais le plus riche en azote parmi tous ceux qui sont livrés à l'agriculture par l'industrie.

Comme le nitrate de soude, je vous conseille, quoiqu'il soit plus azoté que lui, de l'employer aux mêmes doses.

Je vous engage également à ne guère dépasser 200 kilos à l'hectare sur les céréales au printemps.

Restons toujours dans les limites économiques.

Appliqué aux plantes racines, le sulfate d'ammoniaque produit des résultats moins accusés que le nitrate de soude quoique employé cependant aux mêmes doses. Il faudra donc faire exclusivement usage de ce dernier, quand il s'agira des betteraves ou des carottes.

Contrairement au nitrate de soude qui tend constamment à descendre, le sulfate d'ammoniaque cherche à monter sans cesse.

Quoique ces deux sels soient également solubles, pour les raisons que je vous signalais tout à l'heure, je préfère dans la majorité des cas le nitrate de soude.

L'avance d'argent faite à la terre est toujours moindre et le résultat *plus souvent* en sa faveur.

Je n'ignore point que le sulfate d'ammoniaque doit laisser dans le sol un reliquat d'azote plus élevé que le nitrate de soude, en supposant qu'il y ait reliquat, mais si nous nous plaçons au point de vue du déboursé immédiat en argent et du rendement de la récolte, nous observons généralement que le nitrate de soude, pour une somme moindre, procure une récolte au moins égale, souvent supérieure.

Je ne vous engage pas à faire usage des engrais azotés à l'automne sur les céréales d'hiver ; il est beaucoup préférable, à cause de leur solubilité rapide, de ne les appliquer qu'au printemps en couverture.

C'est d'ailleurs le meilleur moyen d'éviter une grande déperdition.

DU PHOSPHORE

ET DES ENGRAIS PHOSPHATÉS

Le phosphore ne se rencontre pas dans la nature à l'état libre : on l'extrait de ses combinaisons.

Tout le monde aujourd'hui connaît le phosphore, c'est lui qui sert à la fabrication des allumettes et qui jouit de la propriété de s'enflammer spontanément à l'air sous l'influence d'un léger frottement.

Combiné avec l'oxygène, il constitue ce qu'on appelle l'acide phosphorique, qui lui-même se combine avec des bases telles que : la chaux, la potasse, l'ammoniaque, etc., pour former des sels qu'on nomme phosphates de chaux, de potasse, d'ammoniaque.

Les engrais qui contiennent l'acide phosphorique en abondance proviennent plus particulièrement de deux sources différentes : *du sein de la terre* ou *des os des animaux.*

Phosphates minéraux.

Les phosphates minéraux, comme on les appelle pour les distinguer des phosphates d'origine animale, se rencontrent en diverses parties de l'Europe où ils forment dans certaines localités des gisements d'une puissance telle qu'ils semblent défier tout épuisement.

La richesse en acide phosphorique paraît donc heureusement assurée à l'agriculture pour un très grand nombre d'années.

C'est à M. de Molon en France qu'on est redevable de la découverte de la plupart des gisements de phosphates de chaux fossiles et, plus particulièrement, de ceux appelés *coprolithes.*

Les coprolithes se trouvent en abondance, sous forme de rognons, dans les départements de l'Aisne, des Ardennes, de la Meuse, de la Marne, du Cher, etc., affleurant à la surface du sol ou enfouis à une très faible profondeur.

Ils ont généralement pour origine des excréments de reptiles ou de poissons (?) qui vivaient dans les mers à une époque évidemment fort ancienne.

L'assise géologique dans laquelle on rencontre les coprolithes est la base du terrain crétacé : c'est-à-dire les grès verts inférieurs à leur point de contact avec l'argile du gault. Là seulement, ils sont susceptibles d'être exploités avantageusement.

Les coprolithes étant toujours empâtés dans des corps étrangers qui y adhèrent plus ou moins fortement, il est indispensable de les soumettre à un lavage spécial afin de les en débarrasser. Ce lavage opéré, on les fait sécher et on procède ensuite à leur pulvérisation avant de les livrer au commerce.

On obtient alors une sorte de poudre analogue à celle que je mets en ce moment sous vos yeux.

Les phosphates de chaux provenant des coprolithes contiennent environ de 15 à 25 0/0 d'acide phosphorique.

Il n'y a pas que les coprolithes qui fournissent des phosphates minéraux à l'agriculture, il existe en outre une roche, nommée *phosphorite,* dont les assises sont extrêmement puissantes dans certains départements et qui produit une très grande partie du phosphate consommé annuellement. Le département du Lot notamment en est abondamment pourvu et pourrait à lui seul fournir la totalité de la quantité exigée par la consommation.

Les phosphates du Lot sont exploités dans le terrain jurassique et proviennent de dépôts qui, bien probablement, ont été constitués par des eaux de sources thermales.

Ce sont les plus riches en acide phosphorique.

Leur teneur en cet élément s'élève, en effet, jusqu'à 40 0/0.

La moyenne atteint 26 à 28 0/0 d'acide phosphorique.

Leur valeur vénale et leur efficacité sont exclusivement basées sur la quantité d'acide phosphorique qu'ils recèlent.

Emploi. — Les phosphates minéraux peuvent sans crainte s'employer à des doses fort élevées. Contrairement à ce que je vous disais tout à l'heure pour l'azote, l'apport de quantités importantes d'acide phosphorique dans le sol n'est jamais à redouter.

Nulle crainte de voir verser les céréales ; bien au contraire. C'est lui qui procure de la rigidité au chaume et du poids au grain.

Donc partout où les froments et les avoines ont une paille grêle, sans force, et un grain peu pesant, partout où les betteraves sont creuses, on peut être assuré d'une augmentation de rendement par une application de phosphates minéraux.

Mais c'est plus particulièrement dans les terres de landes, dans les sols acides provenant de défrichements, que les phosphates fossiles produisent un résultat rapide et très appréciable. Dans les sols cultivés de longue date, leur efficacité est souvent plusieurs années avant de se manifester ; aussi ne saurais-je trop vous engager à n'employer les phosphates fossiles que préalablement mélangés au fumier, à raison de 10 kilogrammes environ par mètre cube. En les épandant directement sur le sol, vous seriez souvent tenté de ne leur attribuer aucune influence.

D'ailleurs, sauf de très rares exceptions, il ne faut jamais compter voir des différences aussi tranchées sur les récoltes par l'application des phosphates, quels qu'ils soient, que celles qu'on est généralement habitué à constater à la suite de l'emploi des engrais azotés.

Il s'attache deux avantages à la méthode qui consiste à mélanger les phosphates fossiles au fumier de ferme : d'abord les phosphates fossiles, dont le principal inconvénient est d'être insolubles, deviennent solubles par suite de leur attaque par les acides de fumier, et en outre l'acide phosphorique de ces phosphates, dont une partie est mise en liberté, se combine avec l'ammoniaque de l'engrais de ferme, et empêche la déperdition de ce précieux élément dans l'atmosphère.

Tous les avantages sont donc en faveur de cette pratique d'ailleurs fort simple à exécuter puisqu'elle consiste, au fur et à mesure de l'édification de la forme à fumier, à épandre une certaine quantité de phosphate fossile.

Une couche de fumier vient-elle d'être apportée, on la saupoudre de phosphate.

Rien de plus commode que d'effectuer cette opération, les phosphates étant livrés à l'agriculture en poudre impalpable.

La dose moyenne dont je vous conseille de faire usage est de 4 à 600 kilogrammes à l'hectare.

Quoiqu'un excès d'acide phosphorique ne provoque pas, comme je viens de vous le dire, les mêmes inconvénients qu'une surabondance d'azote, il n'y a néanmoins pas d'avantage à enfouir dans son sol un capital duquel on ne doit pas attendre un intérêt immédiat. Il y a une limite à tout, même à ce qui est bon.

Dans le cas où, pour une cause quelconque, vous n'auriez pas préalablement mélangé le phosphate fossile au fumier, je vous engage à l'enfouir dans le sol, toujours à l'automne, sur toute la surface du champ.

Ne pas craindre pendant l'épandage qu'il se produise une déperdition de son élément fertilisant ; il est absolument fixe.

En faisant usage de phosphate fossile au printemps, à moins de conditions tout à fait exceptionnelles sur lesquelles on ne doit jamais compter, il ne faudrait pas penser en obtenir des résultats appréciables immédiats.

Étant insolubles, et les plantes n'absorbant par leurs racines que des principes en dissolution dans l'eau, l'action des phosphates fossiles est souvent très lente à se manifester.

Il leur faut le concours indispensable des acides du sol ou de certains sels pour se dissoudre.

D'ailleurs, règle générale, l'application des phosphates fossiles ou des superphosphates, que nous allons étudier, doit de préférence s'effectuer à l'automne. Le mélange ayant le temps de s'opérer avec le sol pendant l'hiver, il en résulte, qu'au printemps, les plantes trouvent l'acide phosphorique parfaitement réparti dans toute la masse qui doit les alimenter.

Superphosphates. — Les superphosphates de chaux du commerce, qu'on appelle vulgairement et plus brièvement, superphosphates, sont des produits qui proviennent du traitement, par l'acide sulfurique, des phosphates fossiles préalablement pulvérisés.

Cette opération a pour but de rendre l'acide phosphorique immédiatement soluble, partant directement assimilable par les plantes.

Tandis qu'il faut aux phosphates fossiles un certain laps de temps, variable avec les terrains, pour entrer en dissolution, une légère pluie est souvent suffisante pour commencer la diffusion des superphosphates dans le sol. Aussi

l'emploi de l'acide phosphorique engagé dans les superphosphates s'est-il beaucoup généralisé pour servir cet
élément aux récoltes.

Quoique je préfère l'application du *superphosphate à
l'automne,* afin d'en obtenir un plus grand effet, je re-
connais néanmoins qu'il peut être quelquefois appliqué au
printemps sur les céréales qui ont souffert des rigueurs de
l'hiver. Dans ce cas, il est nécessairement épandu avec le
nitrate de soude.

Pour la fabrication des superphosphates minéraux, on
choisit de préférence les phosphates fossiles haut-titres,
afin d'éviter que l'addition obligée d'acide sulfurique n'a-
baisse pas trop le degré du superphosphate en acide phosphorique.

Les superphosphates minéraux contiennent de 8, 10 à
15 p. 0/0 d'acide phosphorique soluble. Beaucoup d'industriels négligent, dans l'évaluation du prix de ces engrais,
qui doit être exclusivement basée sur la proportion d'acide
phosphorique qu'ils renferment par 100 kilog., la quantité,
d'ailleurs très faible, d'acide phosphorique insoluble, qu'on
y rencontre quand ils sont bien fabriqués.

Il y a tout avantage pour vous, Messieurs, à n'acheter
que des superphosphates concentrés, dosant un minimum
de 14 p. 0/0 d'acide phosphorique.

Les administrations de chemins de fer ne transportant
pas les marchandises comme les engrais, en raison de leur
valeur vénale, mais uniquement selon leur poids; à quoi
bon, comme j'aurai l'occasion de vous le répéter tout à
l'heure, payer des frais de transport pour des matières
inertes.

Quoiqu'un certain nombre de personnes préconisent
la fabrication du superphosphate de chaux à la ferme, dans
le but très louable de faire bénéficier les agriculteurs des
sommes prélevées par les fabricants pour exécuter ce
genre d'opération, je me garderai de vous donner le même

conseil, d'abord parce que le kilogramme d'acide phosphorique, soluble dans le citrate d'ammoniaque, est aujourd'hui
à un prix tel dans le commerce — 0,50, 0,64 à 0,66 centimes
— qu'il me paraît difficile de l'obtenir chez soi à meilleur
marché, ensuite parce que cette préparation laisse toujours
quelque peu à désirer, en raison de la difficulté qu'on éprouve
souvent à sécher convenablement le nouveau produit.

Si l'acide phosphorique soluble valait encore, comme
autrefois, 1 f. 10 le kilogramme, on pourrait tenter de
l'obtenir à un prix moins élevé, mais étant donnés les cours
actuels, je trouve, pour ma part, qu'il n'y a aucun profit à
exécuter ce travail dans l'exploitation.

Quantité de superphosphate à employer à l'hectare. —
La quantité de superphosphate à épandre à l'hectare est
naturellement variable ; cependant, en tenant compte du
besoin des plantes en cet élément, et en demeurant toujours sur le terrain économique, je dirai qu'il n'y a guère
d'avantages à dépasser six cents kilogrammes à l'hectare :
quatre cents kilogrammes suffisant même dans la majorité
des cas. J'aurai l'occasion de revenir spécialement sur
cette importante question.

Phosphates précipités. — Les phosphates précipités
sont beaucoup moins connus que les précédents, ils procurent également de bons résultats sur les récoltes. Toutefois, le prix de l'acide phosphorique dans les phosphates
précipités, ne variant pas très sensiblement comparativement à celui engagé dans les superphosphates, je vous
conseille plus spécialement ces derniers, qui réussissent
dans tous les sols où l'acide phosphorique fait défaut (1).

---

(1) Le lecteur trouvera à la fin de ce petit fascicule un article
relatif aux phosphates d'origine animale, et aux phosphates dits
précipités. J'ai cru devoir joindre également quelques notions chimiques spéciales concernant la manière dont se comporte l'acide
phosphorique avec les bases.

DE LA POTASSE

ET DES ENGRAIS POTASSIQUES

La potasse est une base formée par la combinaison d'un métal nommé potassium et d'oxygène.

Les engrais chimiques potassiques nous sont tous fournis par le commerce à l'état de sels solubles.

Les principaux sont :

> Le chlorure de potassium ;
> Le sulfate de potasse ;
> Le nitrate de potasse ;
> Le carbonate de potasse.

Quoiqu'on puisse faire usage *de tous ces sels,* c'est plus particulièrement à l'état de chlorure que je vous conseille d'appliquer l'élément dont il s'agit sur les terres où l'analyse expérimentale aura démontré que sa restitution est économique.

Il ne faut guère songer à employer la potasse à l'état de nitrate (salpêtre, nitre), je vous l'ai déjà dit, son prix est beaucoup trop élevé, il en est absolument de même du composé appelé carbonate de potasse.

Quant au sulfate, employé spécialement par quelques agriculteurs dans la culture de la betterave à sucre pour remplacer le chlorure, les expériences faites n'étant pas toujours en sa faveur, je m'abstiendrai d'y insister et je mettrai immédiatement sous vos yeux le tableau suivant qui indique la quantité moyenne de potasse contenue dans chacun des trois sels qui nous occupent :

QUANTITÉ DE POTASSE P. 0/0.

Sulfate de potasse.................. 40 à 45.
Nitrate de potasse.... (environ).... 44 et 13 0/0 d'azote.
Carbonate de potasse (1) { brut..... 10-20-25-35.
{ purifié... 50 à 60.

Reste donc le chlorure de potassium qui donne toujours de bons résultats dans les sols où la potasse est absente ou en quantité insuffisante.

Le chlorure de potassium nous vient plus particulièrement des mines inépuisables de Stassfürt (Prusse).

Il contient à l'état de pureté :

Potassium.............. 52.41
Chlore 47.59

Dans le commerce la quantité de potassium qu'il renferme correspond à environ 50 pour 100 de potasse.

Son prix est aujourd'hui de 25 francs les 100 kilos ; ce qui fait ressortir la potasse à 0,50 centimes le kilogr.

Emploi. — On fait usage du chlorure de potassium à raison de 100, 150 et 200 kilogr. à l'hectare.

Avant d'aller plus loin, vous me permettrez, Messieurs, de me résumer en peu de mots et de vous donner à ce sujet quelques nouvelles explications.

---

(1) Écarts très grands dans la richesse de ce sel en potasse: cette unique cause, si ce n'était déjà son prix trop élevé, justifierait qu'il fût délaissé par les agriculteurs.

Nous avons examiné ensemble dans le cours de cet entretien quels sont les éléments qui contribuent plus particulièrement à l'alimentation des végétaux ; nous avons reconnu également que la potasse, quoique jouant évidemment un rôle indispensable dans la végétation, était néanmoins inutile, à restituer dans la plupart des cas, parce que nos sols en étaient suffisamment pourvus quant à présent ; que la chaux, dans les terres qui paraissaient en manquer, pouvait être facilement rendue par les chaulages ; que c'était, par conséquent, à l'azote et à l'acide phosphorique qu'il fallait plus spécialement nous adresser pour prévenir l'épuisement du domaine.

Je vous ai fait savoir aussi que les sources principales auxquelles nous pouvions puiser pour nous procurer ces deux éléments et parfaire ainsi à l'insuffisance du fumier, étaient : le nitrate de soude, le sulfate d'ammoniaque, le phosphate de chaux fossile et le superphosphate de chaux.

Je tiens à vous rappeler que les engrais industriels n'ayant de valeur que par la quotité des principes fertilisants qu'ils renferment (azote, acide phosphorique et potasse), il est beaucoup plus avantageux et plus économique pour les agriculteurs d'acheter des engrais *simples*, tels que : nitrate de soude, superphosphate, etc., et de les mélanger eux-mêmes à la ferme, que d'acheter une foule d'engrais d'origine commerciale qui ne sont la plupart du temps que des mélanges plus ou moins bien réussis, des matières fertilisantes que je viens de vous signaler, avec des corps absolument inertes ou presque sans valeur, telles que le sable, la brique pilée ou le plâtre.

En se faisant livrer des mélanges qui contiennent jusqu'à 30 pour 0/0 et quelquefois plus d'éléments sans valeur aucune, il en résulte qu'on paie environ un tiers en trop sur les frais de transport.

J'ajouterai en outre, que les mélanges servent le plus souvent à certains marchands peu scrupuleux à déguiser la fraude. Cette raison seule devrait suffire pour déterminer les agriculteurs à effectuer leurs mélanges eux-mêmes à la ferme avec les matières premières achetées isolément.

Défiez-vous donc des noms pompeux dont on décore les engrais.

Enfin, je ne vous conseille pas d'acheter dans le commerce des engrais mélangés, mais je vous engage au contraire à confectionner vous-mêmes vos mélanges, parce que, en procédant ainsi, vous bénéficierez toujours des 4 à 6 francs que le marchand prélève par 100 kilogr. pour les exécuter.

En somme, rien n'est plus simple que de mélanger ensemble quelques centaines de kilogrammes d'engrais pour constituer ce que nous appellerons un engrais complet.

Voici les doses moyennes d'engrais chimiques à employer à l'hectare.

Ces chiffres n'ont évidemment rien d'absolu, attendu que la nature des engrais et les quantités à appliquer doivent varier selon les cultures, l'assolement en usage et enfin la composition du sol que nous ne devrons pas ignorer si nous avons pris le soin de l'analyser *préalablement par la voie expérimentale*.

NATURE DES ENGRAIS

ET QUANTITES MOYENNES A EMPLOYER A L'HECTARE

SUIVANT LES CULTURES

FROMENT.

150 à 200 kilogrammes de nitrate de soude.
200 à 250 kilogrammes de superphosphate.

Dans les terres où il aura été constaté que le grain manque de poids et la paille de rigidité, par conséquent *partout où la récolte est sujette à verser,* on adjoindra toujours avantageusement le superphosphate de chaux au nitrate de soude. On devra même employer exclusivement les superphosphates, quand les blés ont trop de tendance à pousser en herbe, comme cela se remarque notamment dans certains terrains après des fourrages annuels.

Il en sera encore de même lorsque la maturité du froment semblera s'effectuer lentement et dans de mauvaises conditions.

Il ne faudra, toutefois, pas s'exagérer les effets de l'acide phosphorique, aussi dans les sols qui en sont suffisamment pourvus pour un grand nombre de rotations, pourra-t-on encore différer sa restitution où tout au moins ne rendre à ces sols que la quantité soustraite annuellement par les récoltes. Les doses que je viens de vous signaler s'appliquent à un froment qui commence la rotation ou qui suit une betterave; pour un froment qui, au contraire, succéderait à une défriche de sainfoin ou de luzerne, 100 kilogrammes au plus de nitrate de soude suffiraient parfaitement avec 200 kilogrammes de superphosphate (1).

Souvent même on pourra se dispenser d'appliquer l'engrais azoté.

Il faut toujours être prudent avec l'azote, surtout après des légumineuses, la verse étant à redouter.

La luzerne et le sainfoin, en laissant une partie de leurs dépouilles dans le sol, constituent un reliquat de matières fertilisantes, et notamment d'azote, dont bénéficient les plantes qui les suivent.

Par leurs longues racines elles ramènent à la surface les éléments fertilisants qui avaient été entraînés par les eaux dans les couches profondes et qui s'y étaient, en quelque sorte, accumulés.

A l'aide des plantes à racines de diverses longueurs, betterave, céréales, luzerne, etc., l'agriculteur épuise et exploite rationnellement les différentes couches de son sol. C'est là un des avantages des assolements bien combinés.

Je vous ai conseillé de faire usage, dans la majorité des cas, comme engrais azoté, de nitrate de soude, parce que c'est lui qui procure sur les céréales, comme sur toutes les autres récoltes d'ailleurs, les rendements les plus élevés pour le déboursé le plus faible, je ferai cependant une restriction; dans les terres froides, sur lesquelles les blés mûrissent tardivement et où la paille est susceptible de se

---

(1) Au sainfoin et à la luzerne il est quelquefois plus profitable de faire succéder une avoine ou deux avoines consécutives. On pourra alors se dispenser quelquefois d'ajouter du nitrate de soude. Ce sera d'ailleurs au cultivateur à juger de l'état de fécondité de sa terre.

rouiller, il est préférable de substituer le sulfate d'ammoniaque au nitrate de soude.

Quoique contenant cependant 20 p. 0/0 d'azote au lieu de 15,50 en moyenne, vous appliquerez à l'hectare les mêmes doses que celles signalées relativement au nitrate de soude, 100, 150 et 200 kilogrammes, suivant les cultures précédentes et la fécondité du sol. En agissant ainsi vous obtiendrez de la paille de qualité plus belle et plus dorée. C'est un point de vue qui, dans notre localité, a bien sa valeur.

Quant aux terres légères, pour les raisons que je vous ai déjà fait connaître, c'est au nitrate de soude qu'il vous faudra toujours donner la préférence. Les propriétés hygrométriques dont jouit ce sel y seront toujours précieuses, pour mettre à la disposition des récoltes la quantité d'eau dont elles sont si souvent privées pendant les périodes de sécheresse.

Blé de mars.

Pour les blés de printemps, dont les besoins ne sont pas moindres que ceux des blés d'hiver, on leur appliquera les mêmes quantités d'engrais chimiques en tenant toujours compte, toutefois, des récoltes précédentes.

Le cycle de la végétation des blés de mars étant plus réduit que celui des blés d'automne, il faudra se souvenir qu'ils n'en sont que plus exigeants.

Avoine.

A l'avoine qui succède à un blé il faudra appliquer :

150 kilogrammes de nitrate de soude
et 200 kilogrammes de superphosphate.

Quant au contraire cette céréale fera suite à une défriche de prairie artificielle, on pourra souvent se dispenser d'appliquer du nitrate de soude, le superphosphate de chaux, seul, suffira. En obtenant des chaumes encore plus robustes on parera plus facilement à la verse, qui, toutefois, est beaucoup moins à craindre pour cette céréale que pour le froment dans les conditions dont il s'agit.

ORGE.

A l'orge qui suit le blé, on appliquera les mêmes doses d'engrais chimiques qu'à l'avoine.

ESCOURGEON OU ORGE D'HIVER.

Les engrais chimiques destinés à l'escourgeon seront appliqués dans les mêmes conditions que pour le froment d'hiver.

SEIGLE.

Le seigle est très favorablement influencé par l'application des engrais chimiques. Ce fait a d'autant moins lieu d'étonner que cette céréale étant plus généralement réservée pour les terres de médiocre qualité, l'efficacité des engrais chimiques s'y fait davantage sentir et s'y montre d'une façon plus apparente.

Les engrais industriels déterminent, en effet, dans ces sortes de terre, un écart très manifeste dans les rendements entre les parties d'un champ sur lesquelles il en a été appliqué et celles sur lesquelles il n'en a point été épandu.

C'est dans les sols de landes de la Bretagne qu'il m'a été donné de constater les effets les plus surprenants provoqués par les engrais complémentaires, et plus particulièrement par le phosphate de chaux, appliqué sur le seigle.

Dans ces terres, comme dans beaucoup de sols, d'ailleurs, qualifiées de médiocres, c'est l'acide phosphorique qui fait *le plus souvent défaut :* aussi les effets de cet agent s'y trouvent-ils naturellement exaltés.

Voici pour le seigle les doses les plus convenables à appliquer à l'hectare comme engrais azotés et phosphatés :

Nitrate de soude............ 100 à 150 kil.
Superphosphate de chaux... 200 à 250

BETTERAVE A SUCRE.

Ici nous ne redoutons plus la verse et nous visons toujours aux plus grands rendements possibles en poids et en sucre à l'hectare. Nous désirons, autrement dit, le poids brut sans cependant sacrifier la qualité de la racine.

Pour atteindre ce triple but : rendement en poids brut à l'hectare, rendement en sucre et qualité, il faut d'abord semer de la bonne graine, ensuite écarter les plants entre eux comme il convient, enfouir le fumier de ferme en temps opportun, et effectuer des labours profonds, enfin, appliquer l'engrais chimique, dont nous avons seul à nous occuper en ce moment, en temps voulu et à doses convenables.

Jusqu'à l'année dernière, les fabricants de sucre ont proscrit d'une façon absolue l'usage du nitrate de soude, appliqué à la betterave à sucre, parce que c'était cet engrais, suivant eux, qui abaissait la qualité de la racine saccharifère.

Quoique ne voulant pas entrer, en ce moment, dans des détails circonstanciés, relativement à cette question, ayant l'intention de la développer à la fin de cette conférence, je me permettrai cependant de vous faire observer que les expériences de M. Pagnoul, de M. Ladureau, ainsi que celles que j'ai exécutées à Pontoise, en 1883, et que j'ai mises sous les yeux du Congrès betteravier, lors de sa réunion dans cette ville, en octobre de la même année, ont prouvé que, la cause occasionnelle de la mauvaise betterave résidait bien plus dans la qualité inférieure de la variété de graine cultivée, dans les fumures de fumier de ferme appliquées en temps inopportun et dans l'insuffisant ameublissement du sol, que dans l'usage d'un engrais qui, depuis dix ans, a été indirectement un remède à nos maux.

Les Allemands appliquent, pour la betterave à sucre, 2 kilogrammes d'acide phosphorique pour 1 kilogramme d'azote.

Sans méconnaître l'influence heureuse qu'exerce l'acide phosphorique sur la qualité de la betterave à sucre, je trouve néanmoins qu'il y a un peu d'exagération relativement à l'emploi de cet élément, et je persiste à penser que pour des rendements, mêmes de 45 à 50,000 kilogrammes de betteraves de qualité à l'hectare (1), rendements auxquels beaucoup de cultivateurs s'abonneraient volontiers, 5 à 600 kilogrammes de superphosphate de chaux dosant 14 à 15 p. 0/0 d'acide phosphorique suffisent parfaitement, non seulement pour restituer la totalité de l'acide phosphorique soustrait au sol par la récolte, mais encore pour y laisser un petit reliquat (2).

Il y a aujourd'hui, après une longue période presque rebelle, un engouement exagéré pour l'acide phosphorique; à mon avis le nécessaire seul suffit. Or, je considère une application de 1,000 et de 1,200 kilog. de superphosphate de chaux à l'hectare, comme une dépense sans profit immédiat.

Quant à l'azote, d'après la pratique allemande et d'après les expériences que j'ai effectuées, la dose nécessaire à appliquer à l'hectare, si l'on n'a pas enfoui de fumier de

---

(1) Un rendement de 50.000 kilos de betteraves à sucre à l'hectare n'enlève au sol que 60 kilos environ d'acide phosphorique, et une application de 500 kilos de superphosphate lui en restitue environ 75 kilos.

(2) La récolte moyenne en France n'est que de 35,000 kilog. à l'hectare.

ferme à l'automne, ne doit pas être moindre de 60 kilog. représentée par 400 kilog. de nitrate de soude.

C'est en effet l'azote nitrique qui, dans la culture de la betterave à sucre, doit être préféré à l'azote ammoniacal ou organique.

Donc, pour une fumure complète à l'engrais chimique, les doses les plus convenables sont :

> Nitrate de soude................. 400 kil.
> Superphosphate............... 5 à 600

à l'hectare.

Avec une demi-fumure de fumier de ferme (1) enfouie à l'automne, on pourra se contenter d'appliquer :

> Nitrate de soude .... 2 à 300 kil.
> Superphosphate............... 3 à 400

Comme toujours, la potasse ne sera restituée par la fumure complémentaire, que quand on aura préalablement constaté par l'expérimentation directe que son concours est nécessaire.

BETTERAVE FOURRAGÈRE.

Pour la betterave fourragère on ne craint pas d'appliquer le fumier de ferme, même à très haute dose ; les inconvénients signalés relativement à la betterave à sucre n'existant plus. On ne vise qu'aux grands rendements, le sucre, quoique utile comme aliment respiratoire, ne devient, en réalité, qu'un produit secondaire ; les matières nutritives azotées passent ici en première ligne pour l'alimentation du bétail.

Selon la quantité de fumier enfoui à l'automne pour la betterave fourragère, on épandra au printemps, avant la

---

(1) 30,000 kilos environ.

semaille, une dose d'engrais chimique plus ou moins élevée. Toutefois, les doses signalées par la betterave à sucre, qu'on appliquera également pour la betterave fourragère, ne devront guère être dépassées.

Enfin partout où l'on aura constaté que la betterave est creuse, ce sera un indice que l'acide phosphorique fait défaut dans le sol. Il faudra donc songer à le lui rapporter.

PRAIRIES NATURELLES.

Quoi qu'en disent quelques cultivateurs inconséquents avec leur propre pratique, le sol des prairies naturelles a besoin, pour procurer des rendements rémunérateurs, qu'on lui restitue les éléments de fertilité qui lui ont été soustraits par les récoltes de foin.

Beaucoup pensent en effet que les plantes qui ne produisent pas de graines sont peu ou pas épuisantes, par conséquent que les sols qui les supportent peuvent se dispenser d'être fumés. C'est là, Messieurs, une grosse erreur dont il me suffira, pour vous la mettre en relief, de vous rappeler, entre autres exemples, que la betterave à sucre et la betterave fourragère, quoique ne produisant cependant ni fleurs ni fruits, n'ont jamais passé, aux yeux des cultivateurs, pour des plantes faciles à rassasier.

Au surplus, il est évident qu'une récolte qui enlève chaque année au même sol 15 à 20 kilog. d'acide phosphorique et environ 80 à 90 kilog. de potasse, doive à la longue l'épuiser en ces éléments.

C'est là une vérité tellement incontestable que je n'insisterai pas plus longuement.

J'aborde tout de suite les avantages qui résultent de l'emploi des engrais chimiques, comparativement au fumier sur les prairies permanentes.

Pour les prairies, je préfère les engrais chimiques au fumier de ferme pour une excellente raison, c'est qu'ils permettent de restituer à volonté au sol les éléments qui, seuls, lui sont nécessaires, et de différer l'application de ceux dont il est déjà abondamment pourvu.

Quel est en somme l'élément qui fait le plus généralement défaut au sol des prairies ?

C'est assurément l'acide phosphorique.

Peut-on songer à lui restituer cet agent avec le fumier qui en est pauvre ? Évidemment non.

La matière organique ne manque pas au sol des prairies, il est donc inutile d'en accumuler de nouvelles quantités.

L'azote abonde également dans ces sortes de sols ; il s'y rencontre engagé dans les matières organiques en décomposition qui proviennent de la dépouille des anciennes végétations. Mais comme à cet état il est insoluble, il ne peut profiter immédiatement aux plantes. Il demeure donc inutile d'en augmenter le capital de réserve.

Les éléments minéraux tels que les phosphates aidant à l'assimilation de l'azote sous cet état, il est indispensable de les rapporter au sol des prairies, en leur adjoignant toutefois une certaine quantité d'azote soluble sous forme de nitrate de soude.

En procédant ainsi on pourvoit complètement, au printemps, aux premiers besoins de la végétation.

Avec les engrais chimiques simples, dont les éléments ne sont pas forcément solidaires, comme ils le sont toujours dans le fumier, rien n'est plus facile que de rapporter ceux jugés nécessaires au sol.

Les quantités moyennes (1), que je vous conseille d'appliquer à l'hectare pour les prairies permanentes, sont :

> Nitrate de soude .... 100 kil.
> Superphosphate de chaux 200

---

(1) Il demeure entendu que les quantités d'engrais à appliquer aux différentes cultures ci-dessus signalées ne doivent pas être considérées comme absolues ; mais suivies comme des moyennes.

Dans les sols manquant de potasse, il faudra ajouter à ces deux derniers engrais 150 kilos environ de chlorure de potassium.

D'après Wolff, 1,000 kilogrammes de foin enlèvent au sol de la prairie :

> Azote .... 13 kil.
> Acide phosphorique 4
> Potasse 17

Connaissant désormais les agents de fertilité impérieusement réclamés par les récoltes et les doses à appliquer en moyenne à l'hectare pour rester dans la mesure économique, nous allons nous occuper maintenant de leur mode d'emploi selon les diverses cultures.

CONSIDÉRATIONS GÉNÉRALES

RELATIVES A L'ÉPANDAGE
AU MODE D'EMPLOI ET A LA MEILLEURE ÉPOQUE
POUR APPLIQUER LES ENGRAIS CHIMIQUES

———

Suivant la nature des cultures auxquelles on les destine, les engrais chimiques pourront être épandus avant que les semences ne soient confiées à la terre, ou bien après les semailles, et alors en couverture au printemps.

Je m'empresserai toutefois, avant d'aller plus loin, de faire une réserve relativement au superphosphate de chaux, qui, pour toutes les cultures, devra de préférence être incorporé au sol avant de semer. En procédant ainsi, la répartition s'effectuera dans toute la masse de la couche arable d'une façon beaucoup plus complète. Ce qui motive cette manière de faire spéciale, c'est que l'acide phosphorique devenant bien moins soluble que les sels ammoniacaux ou nitriques, le sol offre à sa diffusion une résistance beaucoup plus grande à vaincre.

Autant que faire se pourra, l'épandage des engrais chimiques s'effectuera par un temps menaçant pluie, afin que leur dissolution s'opère plus rapidement et qu'ils soient ainsi immédiatement mis à la portée des racines des plantes.

Cette observation importante s'applique plus spécialement aux engrais épandus en couverture, au printemps, sur les céréales.

J'en ferai cependant encore une autre, toujours relative aux engrais chimiques, épandus en couverture, sur les céréales d'hiver. Elle a pour objet de vous prévenir d'éviter autant que possible d'opérer l'épandage par la rosée, car l'engrais, s'attachant assez facilement aux feuilles, pourrait les attaquer quelque peu et, par suite, les détruire.

Toutefois, les premières feuilles des céréales d'automne disparaissant toujours, le mal produit n'est que temporaire et sans conséquences sérieuses.

Un certain nombre de cultivateurs, au lieu d'épandre leurs engrais chimiques sur les céréales d'hiver, comme je viens de vous l'indiquer, c'est-à-dire les superphosphates avant la semaille et le nitrate de soude au printemps, fin février et mars, préfèrent enfouir la totalité de l'engrais avant l'ensemencement ; d'autres, au contraire, appliquent tout l'engrais complémentaire au printemps. A l'épandage exécuté exclusivement à l'automne, s'attache un inconvénient capital : c'est d'exiger une plus forte proportion d'engrais que l'épandage effectué au printemps, et cela à cause de la déperdition qui se produit inévitablement pendant l'hiver.

Le nitrate de soude et le sulfate d'ammoniaque, car c'est plus spécialement à ces sels que ces observations s'appliquent, étant très solubles, — c'est ce qui fait d'ailleurs leur principal mérite, — il en résulte qu'une partie est susceptible d'être entraînée par les chutes d'eaux pluviales (1).

En outre, en supposant un hiver doux, les engrais azotés peuvent provoquer la pousse rapide des céréales et occasionner leur verse pendant l'été.

----

(1) Il n'en est pas de même de l'acide phosphorique qui est retenu avec avidité par la terre arable.

Le but serait donc dépassé.

Pour parer en partie à cet inconvénient, quelques agriculteurs épandent la moitié de l'engrais à l'automne, avant de semer, et l'autre moitié au printemps, en couverture.

Il y a évidemment, par ce procédé mixte, plus de chances de succès, quoique, en réalité, j'y découvre encore une partie des inconvénients que je viens de vous signaler.

Dans un cas comme dans l'autre, on est toujours exposé à perdre une certaine proportion d'engrais ou à faire verser une récolte suivant les circonstances plus ou moins défavorables.

Il faut se souvenir que la solubilité du sulfate d'ammoniaque et du nitrate de soude est telle qu'il leur suffit de quelques jours seulement, après une petite pluie, pour parvenir jusqu'aux radicelles des céréales.

Je vous recommande donc plus particulièrement la pratique qui consiste à incorporer les superphosphates au sol avant les semailles et, l'épandage des engrais azotés au printemps sur les céréales, parce que c'est elle qui réunit tous les avantages : elle permet, en effet, de n'employer, le plus souvent, que moitié moins d'engrais pour obtenir un résultat identique, et même de ne distribuer l'engrais azoté au printemps que sur les parties de champs qui semblent avoir le plus souffert des rigueurs de l'hiver.

Par leur application au printemps, les engrais azotés, qui coûtent toujours les plus chers, pourront donc, à la volonté du cultivateur, faire constamment partie de la fumure annuelle pour lui permettre d'atteindre les hauts rendements, ou n'être appliqués que s'il les juge convenables.

Autrefois, quand le cultivateur n'avait à sa disposition que le fumier de ferme et qu'au, printemps, il se trouvait en présence de sa récolte de froment en partie détruite par suite de l'inclémence de la saison rigoureuse, il ne lui restait qu'une seule ressource : ou retourner son blé pour y substituer une autre culture, ou ensemencer les places les plus claires avec une céréale de printemps. Aujourd'hui, grâce aux engrais auxiliaires, il ne demeure plus complètement désarmé, car rien ne lui est plus facile que de rappeler à la vie sa récolte compromise.

Ce n'est pas là, comme on le pense, un des moindres avantages des engrais chimiques.

Pour les céréales de printemps, l'épandage aura lieu immédiatement avant la semaille ; on pourra même se dispenser de donner une dent de herse avant le semis pour enterrer l'engrais, si on sème au semoir ; on terminera simplement l'opération par un coup de rouleau.

L'engrais et la graine se trouveront donc enterrés simultanément, sans crainte d'aucune sorte.

Que peut-on redouter, en effet, de quatre sacs d'engrais répartis sur une surface de dix mille mètres carrés, et mélangés avec un volume de terre relativement considérable ?

Quant à l'épandage des engrais chimiques pour betteraves à sucre, l'application des engrais diffère un peu.

Comme je vous l'ai déjà dit, le fumier de ferme doit *absolument* être enfoui à l'automne (en janvier, au plus tard). On profitera de cette opération pour incorporer le superphosphate au sol. Au printemps, il ne restera plus, par conséquent, à épandre que le nitrate de soude et le chlorure de potassium, si la restitution de ce dernier engrais a été jugée nécessaire.

Cet épandage de printemps pourra avoir lieu plusieurs semaines avant l'ensemencement, ou le précéder immédiatement.

Un certain nombre de cultivateurs appliquent les engrais complémentaires solubles un peu avant le semis et s'en trouvent parfaitement.

Il ne faudra pas se contenter d'épandre l'engrais sur le sol et de l'enfouir ensuite simplement par une ou deux dents de herse, c'est par un petit labour ou mieux par un *coup de scarificateur* (si l'on craint de détruire les bons effets du vieux labour), qu'on devra incorporer au sol les engrais azotés pulvérulents.

Toutes les expériences exécutées dans ces dernières années ont démontré que, par ce simple mode opératoire, on pouvait augmenter les rendements de betteraves à sucre de 6 à 10,000 kilog. à l'hectare.

C'est à noter.

Les bons résultats que je viens de vous signaler, relativement au mode d'emploi des engrais chimiques sur la betterave à sucre, se constatent également sur la betterave fourragère : il faudra donc procéder de la même façon envers cette dernière racine.

L'épandage des engrais chimiques sur les prairies naturelles s'effectue au premier printemps, quelques semaines avant que la végétation ne commence à se manifester. Il n'offre aucune difficulté.

Le superphosphate de chaux et le nitrate de soude préalablement mélangés, sont, dans ce cas, appliqués en une seule fois. L'épandage à l'automne pouvant donner lieu à une perte sensible, il faudra se garder de l'effectuer. Une fois l'engrais appliqué, on se contentera de donner un coup de herse légère et un coup de rouleau.

Si on a eu le soin de laisser une parcelle de un ou plusieurs ares de prairies sans engrais, il sera facile, après le fanage, de juger de l'efficacité de l'engrais chimique.

Cent, trois cents, six cents et même huit cents kilogrammes d'engrais, ne constituant pas une masse bien volumineuse, surtout quand il s'agit de la répartir uniformément sur une surface aussi grande que celle représentée par un hectare, je ne saurais trop vous engager à toujours mélanger les engrais chimiques avec *quatre fois* environ leur volume de *sable sec,* de *terre sèche* ou de plâtre. L'épandage s'effectuera plus facilement et aussi plus régulièrement, j'ajouterai même qu'il en résultera une influence plus égale sur la récolte.

En effet, il adviendrait infailliblement, si vous ne suiviez pas la méthode d'ailleurs fort simple que je vous indique, qu'il se trouverait déposé, en certains endroits, des amas d'engrais chimiques presque purs, tandis qu'à côté les plants en seraient privés.

Je ne vous engage pas si vous débutez dans l'emploi des engrais industriels, de faire usage de la cendre (1), comme véhicule, d'abord parce que avec le sulfate d'ammoniaque, vous provoqueriez une déperdition d'azote notable, ensuite parce que, à la récolte, en constatant les bons résultats obtenus, vous seriez quelquefois tentés de les attribuer à la cendre dont vous avez reconnu depuis longtemps l'efficacité. Alors vous ne seriez pas complètement convaincus.

Comment procède-t-on pour faire les mélanges d'engrais chimiques ? D'une façon très simple.

Sur une aire de grange bien *plane* et bien nette, on commence par élever deux tas séparés des quantités de nitrate de soude et de superphosphate, préalablement déterminées, qu'on se propose de mélanger.

Puis, comme il arrive souvent, quoiqu'ils aient été conservés depuis leur arrivée dans un endroit sec, que ces engrais se soient repris en partie en masse, malgré leur mise en sacs dans un état pulvérulent, je vous conseille de briser et de pulvériser les mottes, soit avec le dos d'une pelle, soit avec une batte ou un pilon en bois.

Avec l'un de ces deux derniers instruments le travail est extrêmement rapide.

---

(1) On écartera également la charrée.

Une fois le nitrate de soude et le superphosphate isolément pulvérisés, il ne reste plus qu'à les mélanger pour constituer un engrais en quelque sorte complet pour la récolte auquel on le destine.

C'est à ce moment seulement que l'on ajoute la quantité convenable de sable *sec* ou de plâtre et qu'on mélange intimement le tout ensemble.

Je n'insisterai pas davantage sur ce travail de manutention qui n'offre en réalité aucune difficulté pratique, car avec une pelle, un pilon, une bascule et un balai, on possède tout le matériel essentiel et suffisant pour confectionner les mélanges que nous connaissons et qui sont loin d'être bien complexes.

Les semoirs à engrais ne sont pas des instruments absolument nécessaires pour faire convenablement usage des engrais chimiques ; quand on n'en possède pas on exécute l'épandage à la volée, comme cela se fait pour le grain.

On choisit de préférence un temps calme et menaçant pluie pour faire cette opération.

Si l'air était agité l'épandage de l'engrais pourrait néanmoins s'exécuter à la condition toutefois de ne pas le lancer contre la direction du vent, d'abord, parce que la masse pulvérulente reviendrait dans les yeux de l'opérateur et l'empêcherait de continuer, ensuite parce que la répartition de la matière fertilisante serait inévitablement irrégulière.

Il suffit, pour bien distribuer l'engrais, d'avoir la précaution de regarder à ses pieds. En effet, le plâtre ou le sable témoignant par leur couleur particulière des parties sur lesquelles il en a été appliqué, font ressortir les autres avec une teinte plus ou moins foncée.

Ne pas craindre pour les mains, les engrais chimiques n'attaquent pas l'épiderme, on ne ressentirait véritablement une cuisson qu'autant qu'on aurait une plaie ou une coupure.

En somme rien de plus simple.

DU CONTROLE DES ENGRAIS INDUSTRIELS

Comme un assez grand nombre de matières livrées par le commerce, les engrais, en général, sont l'objet de pratiques frauduleuses de la part de certains marchands aussi habiles que malhonnêtes.

Jusqu'à ce jour cependant ils se sont moins attachés à l'adultération des engrais chimiques simples, tels que : nitrate de soude, superphosphates ; ils ont plus particulièrement exercé leur genre d'industrie sur les engrais composés de couleurs conventionnelles, comme les noirs, les guanos et les phospho-guanos.

Beaucoup de cultivateurs se faisant encore illusion sur la couleur des engrais, ces faux industriels n'ont négligé aucun artifice pour arriver à obtenir les couleurs les plus recherchées.

C'est ainsi que, pour la fabrication du noir animal la fraude réside plus particulièrement dans l'adjonction d'une certaine quantité de tourbe pulvérisée, de houille pilée ou de schiste broyé ; que pour les guanos elle consiste à les additionner, dans une certaine proportion, de sable fin, de brique mal cuite et pilée, de terre jaune, etc., etc.

Aujourd'hui sous le nom de phospho-guano, il est vendu aux agriculteurs, une foule d'engrais provenant de résidus industriels, dont l'assimilabilité est souvent très douteuse et la valeur vénale fort contestable.

Malheureusement les agriculteurs sont souvent les propagateurs des engrais falsifiés par suite de leur insistance à vouloir se procurer à bon marché des substances fertilisantes.

Sans passer en revue tous les procédés employés par les marchands peu scrupuleux, pour adultérer les engrais commerciaux, je vais cependant vous en indiquer quelques-uns concernant plus particulièrement les engrais chimiques, j'ajouterai ensuite quelques mots sur la fraude exercée sur les autres matières fertilisantes.

Nitrate de soude. — Le nitrate de soude se trouve quelquefois mélangé à dessein avec des sels de couleur et d'aspect à peu près semblables aux siens : notamment à du chlorure de potassium ou de sodium.

Voilà ces divers sels isolés et mélangés, vous voyez que la teinte ne varie guère. Il n'y a que l'analyse qui puisse révéler facilement ce genre de fraude.

Sulfate d'ammoniaque. — Ordinairement blanc le sulfate d'ammoniaque se rencontre aussi diversement coloré, selon sa provenance.

Peu importe sa couleur, bien fabriqué et non adultéré, il renferme un minimum de 20 pour 0/0 d'azote et souvent plus.

Tout sulfate d'ammoniaque qui n'atteint pas ce degré de pureté peut être considéré, dans la plupart des cas, comme ayant été mélangé avec des matières inertes. J'excepte toutefois certains sulfates d'ammoniaque anglais dont le bas titre provient de leur fabrication qui laisse à désirer.

Phosphates et superphosphates. — C'est exclusivement sur *la proportion d'acide phosphorique* et sur *sa solubilité* qu'est basée la valeur vénale des engrais phosphatés.

Le moyen le plus généralement employé pour les adultérer consiste à les additionner d'une certaine quantité de sable fin.

L'analyse chimique seule peut donc permettre d'arriver à déterminer le prix des 100 kilogs.

Engrais divers. — Sur les autres engrais, tels que phospho-guano, guano, etc., etc., la fraude ne réside pas seulement dans leur vente au-dessous de la garantie annoncée, mais bien plus souvent dans la livraison des petites quantités de principes fertilisants contenus dans lesdits engrais à des prix doubles et triples de leur prix réel.

C'est pourquoi je ne saurais trop vous engager, afin de mettre un terme à ces genres de fraude, à faire analyser les engrais qui vous sont proposés par le commerce au Laboratoire agronomique départemental de Seine-et-Oise (1), et à vous enquérir du prix des matières fertilisantes avant de contracter un marché ferme.

Vous n'ignorez pas que grâce à la libéralité du Conseil général, les analyses chimiques quelque complexes et coûteuses qu'elles soient, sont effectuées au Laboratoire départemental conformément à un *droit unique* qui est de *un franc* pour MM. les agriculteurs de Seine-et-Oise.

Je ne saurais mieux faire d'ailleurs pour vous éclairer complètement à ce sujet que de placer devant vos yeux l'arrêté de M. le Préfet relatif à cette nouvelle institution :

ARRÊTÉ.

Le Préfet de Seine-et-Oise, chevalier de la Légion d'honneur ;

Vu la délibération du Conseil général, en date du 26 août 1884, portant création d'un Laboratoire agronomique départemental ;

Vu l'avis émis par la Commission départementale dans sa séance du 8 de ce mois ;

ARRÊTE :

Article premier. — Il est institué un LABORATOIRE AGRO-

---

(1) Ce laboratoire est installé à Versailles, rue du Vieux-Versailles, n° 6.

nomique départemental public pour l'analyse des engrais, des terres, des amendements et des matières utiles à l'agriculture.

Art. 2. — M. G. Rivière, Professeur départemental d'agriculture, ancien Directeur du laboratoire de chimie agricole de la Mayenne, est chargé de la direction du Laboratoire agronomique de Seine-et-Oise.

Art. 3. — Ce Laboratoire est installé à Versailles, rue du Vieux-Versailles, n° 6.

Art. 4. — Tout agriculteur du département pourra faire analyser : engrais, terres, amendements, eaux et autres produits agricoles, tels que : betteraves, pulpes, tourteaux, etc., dont il lui serait utile de connaître la composition, sous les conditions suivantes.

1° L'échantillon à analyser devra porter extérieurement le cachet de la mairie de la commune habitée par l'expéditeur et être adressé *franco de port* à M. le Directeur du Laboratoire agronomique de Seine-et-Oise, à Versailles ;

2° La lettre d'envoi devra être affranchie et renfermer un timbre-poste de 15 centimes pour la réponse.

Art. 5. — Il sera perçu *un droit unique de un franc* par échantillon d'engrais ou de toute autre matière analysée au Laboratoire agronomique départemental, sous la réserve que l'intéressé justifiera de sa qualité d'agriculteur résidant en Seine-et-Oise, par un certificat délivré par le Maire de sa commune.

Art. 6. — Tout industriel ou négociant du département de Seine-et-Oise pourra faire effectuer au Laboratoire départemental l'analyse des substances dont il désirerait connaître la composition, moyennant une rétribution fixe de 5 francs par élément dosé.

Art. 7. — Les droits à percevoir seront recouvrés au profit des produits éventuels départementaux par la Trésorerie générale sur la production d'un titre de perception rendu exécutoire par le Préfet.

A cet effet le Directeur du Laboratoire adressera, à la Préfecture, dans les dix premiers jours de chaque mois, un relevé des opérations faites dans le cours du mois précédent. Ce relevé indiquera les nom, prénoms, profession et domicile des débiteurs, le nombre des analyses faites pour chacun d'eux et le montant des droits à percevoir.

Art. 8. — M. le Professeur départemental d'agriculture de Seine-et-Oise est invité à faire ressortir, dans ses prochaines conférences, le but et les avantages que le Laboratoire agronomique est appelé à rendre aux agriculteurs.

Art. 9. — Les présentes dispositions recevront leur exécution à partir du 1er juillet 1885.

Art. 10. — MM. les Sous-Préfets et les Maires du département sont chargés, chacun en ce qui le concerne, de l'exécution du présent arrêté, qui sera inséré au *Recueil des actes administratifs*, publié et affiché dans toutes les communes de Seine-et-Oise.

Fait à Versailles, le 10 juin 1885.

Le Préfet de Seine-et-Oise,

P. LAURENS.

Il vous suffit donc, pour faire analyser un engrais quelconque, de m'en adresser un échantillon de 100 grammes environ, en suivant les prescriptions que je vous donnerai dans un instant.

Étant donnée l'analyse d'un engrais, il vous sera ensuite facile d'en déduire sa valeur vénale très approchée en consultant les cours des matières fertilisantes.

Voici toutefois quelques prix maximum qui pourront vous éviter de payer l'azote à raison de cinq et six francs le kilog., quand, en réalité, il vaut aujourd'hui à peine deux francs (1).

---

(1) Prix auxquels le Syndicat du Loir-et-Cher a traité pour ses achats d'engrais (matières premières) de l'année 1885-86.

Azote ammoniacal...................	1 fr.	70	le kilog.
Azote nitrique......................	2	00	—
Azote organique (corne, os)...........	1	55	—
Acide phosphorique soluble dans le citrate à froid........................	0	50	—
Acide phosphorique insoluble.........	0	17	—
Potasse à l'état de chlorure...........	0	40	—

En gare d'expédition.

Prix maximum (1) *des matières fertilisantes contenues dans les engrais du commerce.*

Azote ammoniacal (2) .... 3 fr. » c. le kilog.
Azote nitrique (3) 3   »   —
Azote organique 2   50   —

Acide phosphorique soluble dans l'eau ou
   dans le citrate d'ammoniaque alcalin et
   à froid (4)............................ 1   »   —
Acide phosphorique insoluble............. »   30   —

Potasse { dans le chlorure................ »   80   —
        { dans le sulfate .... »   80   —

Afin de bien vous faire comprendre comment on procède, en se servant de ce tableau, pour établir le prix approché d'un engrais industriel, je prends quelques exemples :

1° Quel est le prix d'un nitrate de soude titrant 15,65 p. 0/0 d'azote ?

$$15.65 \times 3 = 46 \text{ fr. } 95 \text{ c.}$$

R. 46 fr. 95 c. les 100 kilogrammes.

2° Quel est le prix d'un phospho-guano, dosant :
    4 p. 0/0 d'azote organique
    et 10 p. 0/0 d'acide phosphorique insoluble (5) ?

---

(1) Les transports majorent le prix de 100 kilogr. d'engrais d'environ 1 fr. 15 à 1 fr. 50 suivant les quantités expédiées.

(2) D'après le prix du sulfate d'ammoniaque, qui est aujourd'hui de 33 fr. les 100 kilog., la valeur de l'azote ammoniacal ne ressort qu'à 1 fr. 65 le kilog.

(3) D'après le prix du nitrate de soude, qui est aujourd'hui de 30 francs, la valeur du kilogramme d'azote nitrique ne ressort qu'à 1 fr. 95.

(4) L'acide phosphorique soluble ne vaut aujourd'hui que 0 fr. 64 à 0 fr. 66 le kilogramme suivant quantités.

(5) Il arrive assez souvent que dans ces sortes d'engrais l'acide phosphorique est coté un prix plus élevé : 0 fr. 50 notamment

Azote .... $4 \times 3 = 12$ fr.
Acide phosphorique insoluble.... $10 \times 0.30 = 3$

                              Total...... 15 fr.

R. 15 francs les 100 kilogrammes.

3° Quel est le prix d'un superphosphate de chaux dosant 14 0/0 d'acide phosphorique soluble dans l'eau ou dans le citrate d'ammoniaque (1) et 1 d'acide phosphorique insoluble ?

Acide phosphorique soluble..... $14 \times 1 = 14$ fr. » c.
        —   insolube.... $1 \times 0.30 = 0$ 30

                              Total...... 14 fr. 30 c.

R. 14 fr. 30 c. les 100 kilogrammes.

4° Quel est le prix d'un engrais contenant :
    6 p. 0/0 d'azote nitrique,
    10 p. 0/0 d'acide phosphorique soluble dans le citrate
        d'ammoniaque et à froid,
    3 p. 0/0 de potasse à l'état de chlorure ?

$$6 \times 1.95 = 11 \text{ fr. } 70 \text{ c.}$$
$$10 \times 0.66 = 6 \quad 60$$
$$3 \times 0.55 = 1 \quad 65$$
$$19 \text{ fr. } 95 \text{ c.}$$

R. 20 francs les 100 kilogrammes.

D'après les cours d'aujourd'hui, un engrais composé tel

---

parce qu'on le considère comme étant plus soluble que l'acide phosphorique insoluble des phosphates fossiles. Etant donné le prix de l'acide phosphorique soluble dans l'eau, il serait alors plus avantageux pour l'acheteur de s'adresser aux superphosphates azotés.

(1) Nous accordons la même valeur agricole à l'acide phosphorique soluble dans l'eau qu'à l'acide phosphorique soluble dans le citrate d'ammoniaque alcalin et à froid.

que celui-ci ne vaudrait que 20 francs les 100 kilos (1), en appliquant le tarif des éléments contenus dans les engrais simples.

Toutefois, comme je vous l'ai déjà fait observer, le fabricant prélevant toujours, et d'ailleurs fort légitimement, un certain droit pour se défrayer des dépenses occasionnées par les manutentions qu'exigent les différents mélanges ; il en résulte que les prix des engrais composés sont majorés d'environ 4 à 6 francs par 100 kilog.

Quant aux phospho-guanos analogues à celui que j'ai pris pour exemple, et qui sont généralement vendus de 28 à 30 francs les 100 kilos, je ne vous conseille pas d'en faire usage.

L'écart énorme qui existe entre la valeur réelle et le prix de vente de ces sortes d'engrais, doit vous indiquer suffisamment l'avantage qu'il y a à connaître les cours des matières fertilisantes.

A côté du mode de vente que je viens de vous signaler, et qui consiste à livrer les éléments de fertilité contenus dans les engrais à des prix beaucoup trop élevés, il en existe un autre, qui consiste à garantir un dosage de matières fertilisantes *à l'état sec*.

De façon à bien vous faire toucher du doigt où gît la subtilité de ce « *à l'état sec* », je prends un exemple :

Je suppose que 100 kilog. d'un engrais quelconque, contenant 10 p. 0/0 d'azote soient vendus *à l'état sec*.

Si ces 100 kilos d'engrais contiennent 10 p. 0/0 d'humidité, il en résulte naturellement que le vendeur ne livre pas, à proprement parler, 100 kilog. d'engrais, mais 90 seulement plus 10 kilog. d'eau.

D'où il ressort, que si l'engrais contient 10 p. 0/0 d'azote

---

(1) Il demeure entendu que les frais de mélange, d'emballage et de transport ne sont pas compris dans cette évaluation.

à l'état sec, il n'en renferme, en réalité, que 9 0/0 à l'état normal.

De là un écart de 2 à 3 francs par 100 kilos auquel on n'avait quelquefois pas pris garde dans l'évaluation du prix total de l'engrais.

La garantie à l'état sec aurait pu devenir un mode de transaction parfaitement légitime en ce qui concerne les engrais, en spécifiant toutefois la quantité d'humidité tolérée ; malheureusement étant fort souvent un procédé en usage pour exagérer la richesse d'un engrais, partant pour tromper les agriculteurs trop confiants, il vous faudra absolument le repousser quand vous contracterez des marchés.

D'ailleurs il n'est que justice d'ajouter que la plupart des fabricants importants vendent leurs engrais simples ou composés, avec garantie *à l'état normal.*

C'est afin de vous mettre à l'abri contre ce mode de vente qui pourrait déguiser une tromperie, que je vous conseille, non seulement de faire analyser régulièrement vos engrais commerciaux, mais encore de bien faire spécifier sur vos factures, par le vendeur, la proportion d'azote, d'acide phosphorique soluble ou insoluble et de potasse qui devra vous être livrée par *100 kilogrammes d'engrais à l'état normal.*

CONDITIONS A REMPLIR

POUR PRÉLEVER CONVENABLEMENT DES ÉCHANTILLONS D'ENGRAIS, DE TERRES ET D'AMENDEMENTS, ET EN EFFECTUER L'EXPÉDITION AU LABORATOIRE AGRONOMIQUE DÉPARTEMENTAL A VERSAILLES.

Comme j'ai déjà eu occasion de vous le dire, la valeur d'une substance fertilisante ne pouvant être déterminée d'après son aspect extérieur, l'analyse chimique pouvant seule révéler les principes utiles qui y sont contenus, il est nécessaire, avant de contracter un achat d'engrais, que le cultivateur exige du vendeur :

1º Que le paiement dudit engrais soit exclusivement effectué au domicile de l'acheteur ;

2º L'indication, sur la facture, de la quantité :

> d'azote organique,
> — nitrique,
> — ammoniacal,
> d'acide phosphorique soluble dans l'eau ou dans le citrate d'ammmoniaque alcalin et à froid,
> d'acide phosphorique insoluble,
> de potasse,

contenue dans *100 kilogrammes de l'engrais à l'état normal frais* qu'il met en vente.

En outre, que le cultivateur se réserve le droit, lors de la réception (1) des engrais qui lui seront expédiés, de faire prélever, devant deux témoins, deux échantillons dans plusieurs sacs ou barils d'engrais.

Ces échantillons seraient introduits ensuite dans deux flacons bouchés et cachetés : l'un, serait déposé à la Mairie (2) et l'autre, adressé au Laboratoire départemental pour y être analysé et contrôlé.

---

(1) C'est-à-dire en gare d'arrivée.

(2) L'échantillon déposé à la Mairie servirait dans le cas où il s'élèverait ultérieurement des contestations.

DE L'ECHANTILLONNAGE

PRISE D'UN ÉCHANTILLON D'ENGRAIS.

La prise d'un échantillon d'engrais est chose plus délicate que vous ne sauriez le croire de prime abord.

Il ne faut pas se contenter de prendre, comme le font encore quelques personnes, une poignée d'engrais dans un sac pour posséder un échantillon représentant la masse dont il provient. Cette manière d'opérer étant susceptible de donner lieu à de grosses erreurs, il ne faudra jamais la mettre en pratique.

Voici, au contraire, comment je vous conseille de procéder pour effectuer, dans les conditions voulues, le prélèvement d'un échantillon d'engrais pulvérulent.

Les sacs ou les barils qu'on désire contrôler, ayant été préalablement ouverts, on prélèvera dans chacun d'eux une quantité suffisante de matière pour constituer un échantillon de 2 kilogrammes environ. C'est sur cet échantillon, qui représentera en quelque sorte la masse totale de l'engrais expédié, qu'on prélèvera un *échantillon moyen,* après toutefois l'avoir bien remué et mélangé pour en former un tout parfaitement homogène.

La quantité nécessaire et suffisante, pour effectuer l'analyse d'un engrais industriel, étant *100 grammes,* il sera inutile d'en expédier davantage.

Les 100 grammes d'engrais seront introduits dans une petite boîte en bois, ou mieux, dans un flacon cacheté renfermé dans une petite boîte (1).

---

(1) Les boîtes à cirage en fer blanc, grand modèle, et les boîtes à poudre de chasse d'un hectogramme pourront parfaitement être

Prise d'un échantillon d'engrais non pulvérulent. — Pour les engrais non pulvérulents, tels que : déchets de corne, de peaux, cuirs, lisières de draps, sang, déchets industriels divers, un échantillon de 100 grammes serait insuffisant ; c'est *un kilogramme,* en suivant toujours les indications précitées, qu'il faudra faire parvenir au Laboratoire départemental.

Prise d'un échantillon de terre arable. — Je viens de vous faire connaître les conditions à remplir pour prélever convenablement un échantillon d'engrais du commerce, permettez-moi de vous parler, à cette occasion, du prélèvement d'un échantillon de terre et d'un échantillon d'amendement.

Le prélèvement d'un échantillon de terre arable, représentant, aussi exactement que possible, la composition moyenne du champ dont il provient, n'est pas non plus chose aussi facile qu'on serait tenté de le supposer ; il faudra suivre ponctuellement les indications que je vais vous donner pour y parvenir.

Après avoir déterminé une dizaine de points sur le champ dont on désire connaître la composition du sol, on prélèvera un échantillon de terre en ces différents points en procédant de la façon suivante : on commencera d'abord par nettoyer la surface des dix points dont il s'agit, et on y creusera ensuite, avec une bêche, une petite fosse à parois bien verticales, de façon à obtenir un échantillon de 4 à 5 kilogrammes.

Il faudra éviter d'attaquer le sous-sol. La profondeur des fosses se trouvera naturellement déterminée par l'épaisseur de la couche travaillée par les instruments.

Les dix échantillons prélevés dans les mêmes conditions seront ensuite réunis et mélangés très intimement sur une

---

utilisées pour ce nouvel usage : flacons et boîtes en bois deviennent alors inutiles.

aire bien propre. C'est sur ce mélange qu'on prélèvera définitivement un échantillon moyen d'environ 5 kilog., qu'on adressera au Laboratoire départemental.

Si on désire, en outre, connaître la composition du sous-sol, la prise d'échantillon s'opérera de la même manière que celle du sol.

Les petites fosses déjà faites pourront parfaitement servir. La profondeur du sol étant supposée de 0,20 *cent.*, on s'avancera de 0,20 à 0,40 *cent.* pour celle du sous-sol.

Pas de différence dans les indications données pour le mélange des divers prélèvements, même quantité à expédier pour l'exécution de l'analyse.

Prise d'un échantillon d'amendement. — La prise d'un échantillon d'amendement s'effectuera, en prélevant, en divers endroits du tas, un certain nombre d'échantillons qui seront ensuite réunis puis mélangés aussi intimement que possible ; c'est sur ce mélange qu'on prélèvera un *échantillon moyen de 5 kilog.* environ.

Un échantillon d'engrais du poids de 150 grammes, y compris sa boîte, n'étant assujetti qu'à une taxe postale de 0,15 centimes (0,05 centimes par 50 grammes ou fractions de 50 grammes, jusqu'à concurrence de 300 grammes, quelle que soit la distance), je vous engage à faire usage de la poste pour effectuer le transport des matières dont il s'agit.

Quant aux engrais non pulvérulents, aux terres et aux amendements dont il est nécessaire d'adresser un échantillon d'un kilog. ou de 5 kilog., l'expédition pourra en être faite au Laboratoire agronomique par l'intermédiaire des Compagnies de chemin de fer, des messageries ou des commissionnaires.

Afin d'éviter les erreurs qui pourraient ultérieurement se produire, j'indique au tableau un modèle d'adresse :

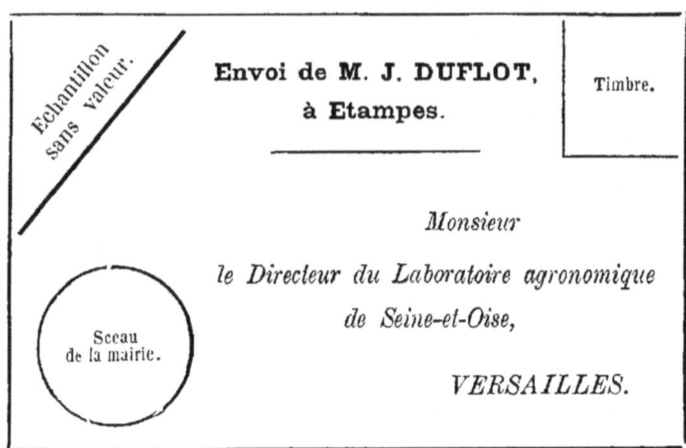

Conformément à l'arrêté de M. le Préfet, art. IV, § 1 et 2, l'échantillon à analyser devra porter, comme je l'indique à gauche de ce rectangle, le cachet de la Mairie de la commune habitée par l'expéditeur, et être adressé, *franco de port,* au Laboratoire départemental.

Le cachet de la Mairie est indispensable, car en établissant que l'expéditeur est agriculteur, il le fait bénéficier du *tarif minimum* qui est fixé à *un franc* par analyse, quelque compliquée qu'elle soit, *et quel que soit le nombre des éléments dosés.*

DE L'EFFICACITÉ DES ENGRAIS CHIMIQUES

Il me reste maintenant, Messieurs, pour terminer cette longue conférence, à vous démontrer d'une façon aussi péremptoire que possible, l'efficacité des engrais chimiques appliqués sur diverses cultures. Pour cela je vais avoir recours à des expériences que j'ai effectuées depuis tantôt dix ans, soit dans le département de la Mayenne, soit dans le département de Seine-et-Oise dans différentes natures du sol.

J'ai l'honneur, en conséquence, de mettre immédiatement sous vos yeux, un certain nombre de tableaux relatant les expériences dont il s'agit ; j'aurais pu les multiplier encore davantage, mais je crois que ces quelques témoignages suffiront pour vous éclairer complètement.

En raison du temps dont nous pouvons encore disposer dans cette séance, je ne me propose pas d'insister sur tous ces résultats, mais plus particulièrement sur ceux consignés sur les tableaux nᵒˢ I et V. Il vous sera d'ailleurs facile de tirer de la lecture des autres des conclusions absolument analogues en ce qui concerne l'influence des agents de fertilité dont nous nous occupons.

Le premier tableau relate les expériences exécutées chez M. Ledru, agriculteur à Soindres, près Mantes.

Voici comment j'avais procédé pour faire, en quelque sorte, parler les plantes, afin de connaître les besoins du sol relativement à certains principes, et aussi afin de savoir, parmi les éléments de fertilité, quels sont ceux qui élèvent le plus économiquement le rendement de la récolte.

C'est en somme l'application exacte de la méthode que je vous exposais il n'y a qu'un instant, et que je vais vous demander la permission de vous répéter dans ses grandes lignes.

TABLEAU I.

Après avoir bien délimité dans le courant de mars, cinq parcelles d'un are chacune (100 mètres carrés) sur un champ de blé d'hiver, sans toutefois choisir un emplacement plus particulièrement favorable sous le rapport de la végétation du plant, on s'est mis en mesure de répandre les différents engrais dont on voulait constater l'efficacité sur le sol de Soindres.

Comme je vous l'ai déjà signalé, afin de posséder un témoignage absolument irrécusable, lors de la récolte, il n'avait *rien* été appliqué sur la parcelle n° I, — c'est le *témoin*.

Sur la 2ᵉ parcelle il avait été épandu 2 kilog. de sulfate d'ammoniaque, c'est-à-dire une quantité correspondant à 200 kilog. à l'hectare.

Sur la 3ᵉ parcelle il avait été appliqué 2 kilog. de nitrate de soude et sur la 4ᵉ, 3 kilog. de superphosphate de chaux dosant 13 p. 0/0 d'acide phosphorique.

Enfin, sur la 5ᵉ parcelle il avait été épandu, ce que nous sommes convenu d'appeler, dans les terres qui ne manquent pas de potasse, l'engrais complet ; c'est-à-dire un mélange renfermant 2 kilog. de nitrate de soude et 3 kilog. de superphosphate de chaux.

Comme je me plais à vous le rappeler, ce sont les plantes

elles-mêmes qui ont répondu aux questions que je leur avais en quelque sorte posées.

Les chiffres inscrits dans les colonnes du tableau ci-contre, ne sont en réalité que l'expression manifeste de ces réponses. Comme vous pouvez en juger elles ne manquent pas d'une certaine éloquence. Elle démontrent péremptoirement l'heureuse influence exercée par les engrais chimiques simples appliqués en couverture au printemps sur le froment d'hiver et les bénéfices en argent qu'ils permettent de faire réaliser à ceux qui en font judicieusement usage.

TABLEAU I. — *Résultats des expériences entreprises sur la propriété de M. Ledru, agriculteur à Soindres, pour démontrer l'efficacité des engrais chimiques appliqués à la culture du froment.*

TABLEAU INDIQUANT LES RENDEMENTS, LES DÉPENSES ET LES BÉNÉFICES A L'HECTARE.

Numéros d'ordre des parcelles.	Nature de l'engrais.	Quantité d'engrais employée à l'hectare.	Nature des produits pesés.	Rendements exprimés en kilos.	Rendements exprimés en livres.	Excédents de rendements comparativement au témoin. (Grain et paille.)	Recette brute.	Dépenses en engrais chimique à l'hectare.	Recette après défalcation du prix de l'engrais.	Excédents de recette à l'hectare comparativement au témoin.
1	2	3	4	5	6	7	8	9	10	11
I.	Témoin (sans engrais).	»	Grain...	1.500	3.000	»	315 fr. »			
			Paille...	3.400	6.800	»	170 »			
							485 fr. »	»	»	»
II.	Sulfate d'ammoniaque 38 fr. les 100 kil.	200 kil.	Grain...	2.225	4.450	725 kil.	467 fr. 25			
			Paille...	5.250	10.500	1.850	262 50			
							729 fr. 75	77 fr. »	632 fr. 75	167 fr. 75
III.	Nitrate de soude 25 fr. les 100 kil.	200 kil.	Grain...	2.350	4.700	850 kil.	493 fr. 50			
			Paille...	5.350	10.700	1.950	267 50			
							761 fr. 00	50 fr. »	711 fr. »	226 fr. »
IV.	Superphosphate de chaux 12 fr. 50 les 100 kil.	300 kil.	Grain...	2.125	4.250	625 kil.	446 fr. 25			
			Paille...	4.550	9.100	1.150	227 50			
							673 fr. 75	37 fr. 50	636 fr. 25	151 fr. 25
V.	Engrais complet. Nitrate de soude Superphosphate	200 kil. 300 kil.	Grain...	2.500	5.000	1.000 kil.	525 fr. 00			
			Paille...	5.310	10.620	1.910	265 50			
							790 fr. 50	87 fr. 50	703 fr. »	218 fr. »

Dans la première colonne de ce tableau se trouvent inscrits les numéros d'ordre des parcelles, dans la seconde, la nature des engrais chimiques appliqués sur les différentes parcelles avec le prix des 100 kilog. de chacun d'eux.

Dans la troisième est indiquée la quantité d'engrais employée à l'hectare et dans la quatrième, la nature des produits pesés : paille et grain, que j'ai exprimée en kilos, dans la cinquième et en livres dans la sixième.

Dans la septième colonne sont également exprimés en kilos les excédents de rendements, comparativement au témoin, procurés par l'emploi des engrais chimiques.

J'ai inscrit dans la huitième la recette brute totalisée pour chacune des parcelles.

Voici les éléments de ces calculs :

J'ai coté le quintal de froment (les 200 livres), à raison de 21 fr. et la paille à raison de 25 fr. les 500 kilos (ou les 1.000 livres).

Dans la neuvième colonne figure la dépense occasionnée par l'achat des divers engrais dont on a fait usage.

En se reportant aux colonnes n° 2 et n° 3, il est facile d'établir les dépenses relatives à chacune des parcelles.

Dans la dixième se trouve également représentée la recette respective de chacune des parcelles, mais après en avoir déduit toutefois le prix d'achat de l'engrais chimique.

Les recettes de chacune des parcelles peuvent alors plus facilement se comparer avec la recette de la parcelle restée sans engrais.

Enfin dans la onzième colonne sont exprimés les excédents de recettes sur le témoin réalisés à l'aide des engrais chimiques.

Il demeure donc bien entendu que les chiffres inscrits dans cette dernière colonne représentent la différence entre la recette brute du témoin (paille et grain évaluée à 485 fr.) et la recette réalisée sur chaque parcelle fertilisée après en avoir déduit toutefois le prix d'achat de l'engrais (10° colonne).

Ils représentent, par conséquent, un bénéfice absolument net comparativement au témoin. C'est, autrement dit, une plus value de rendement exprimée en argent qu'on doit exclusivement attribuer à la puissante influence des engrais chimiques.

Tous les rendements de ces parcelles, comme vous avez déjà pu l'observer, ont été rapportés à l'hectare afin de fournir des chiffres plus saillants et se rapprochant davantage de ceux qu'on a coutume de lire et de comparer.

C'est pour la même raison, quoique le calcul soit évidemment bien simple à effectuer, que j'ai tenu à exprimer les rendements (grain et paille) de chaque parcelle en livres à côté de leur représentation en kilos.

A la première inspection de ce tableau on s'aperçoit qu'en général les rendements sont loin d'être très élevés ; la terre de ce champ ayant été surmenée antérieurement, l'influence des engrais n'en a d'ailleurs été que plus évidente.

De 1,500 kilos de grain avec 3,400 kilos de paille sur la parcelle sans engrais, la récolte s'est élevée à 2,500 kilos de grain et 5,310 kilos de paille sur la parcelle sur laquelle l'engrais complet avait été appliqué. D'où une différence, en plus, en faveur de la parcelle n° V, sur le témoin, *de 1,000 kilos de grain* et de *3,820 livres de paille* à l'hectare.

Pour une dépense à l'hectare de 87 fr. 50 seulement, le bénéfice net en faveur de l'engrais complet s'est élevé à *218 fr. de plus* que sur la parcelle n° I, qui n'avait reçu aucune matière fertilisante.

De 1,500 kilos de grain avec 3,400 kilos de paille sur le témoin, la récolte s'est élevée à 2,350 kilos de grain et à 5,350 kilos de paille sur la parcelle n° III, qui avait reçu seulement 200 kilos de nitrate de soude à l'hectare.

D'où un excédent de rendement en faveur du nitrate de soude de : *850 kilos de grain* et de *5,900 livres de paille.*

A doses égales, le nitrate de soude a surpassé les rendements procurés par l'application du sulfate d'ammoniaque, de 125 kilos de grain et de 200 livres de paille.

Pour un déboursé moindre en ce qui concerne son prix d'achat, 50 francs, au lieu de 77 francs ce sel procure encore une recette plus élevée (colonne 10) puisqu'elle atteint 711 francs au lieu de 652 francs.

De là une différence en argent en faveur du nitrate de soude, comparée au sulfate d'ammoniaque de 58 francs à l'hectare, quoique ce sel contînt cependant près de 5 p. 0/0 d'azote en moins. C'est la confirmation de ce que je vous disais tout à l'heure.

Comparé au témoin l'écart devient encore beaucoup plus sensible ; de 485 francs la recette brute passe à 761 francs par l'application du nitrate de soude, laissant un *bénéfice net* en argent de *226 francs de plus.*

La conclusion économique qui reste à déduire de ces expériences absolument pratiques, c'est que sur *toutes* les parcelles du champ d'expérimentation de Soindres, les engrais chimiques ont élevé très notablement les rendements en grain et en paille. J'ajouterai même que sur toutes les parcelles la plus-value en argent procurée *par la paille seule*, comparativement au témoin, a toujours suffi et au-delà pour couvrir les frais d'achats des matières fertilisantes.

L'application des engrais chimiques sur les céréales en couverture au printemps demeure donc une opération parfaitement pratique et profitable quand elle est judicieusement effectuée.

Après vous avoir montré l'efficacité des engrais chimiques relativement aux excédents de rendements qu'ils assurent, il me reste maintenant pour terminer avec ce tableau, puisque je viens de traiter exclusivement le côté de la question qui nous occupe sous le rapport du profit, à vous faire ressortir les déductions qu'on peut tirer encore de l'observation des chiffres qui y sont consignés, en ce qui concerne plus spécialement *l'analyse du sol par les plantes.*

Comme je vous le disais précédemment, par cette sorte d'expérimentation directe, ce sont les plantes elles-mêmes qui répondent aux questions qui leur sont en quelque sorte posées par nous ; c'est exclusivement de leur langage, qui s'accuse naturellement par des rendements de récoltes différents, suivant les conditions dans lesquelles on les place, que nous en déduisons d'une façon aussi simple que pratique, les éléments qui sont renfermés ou qui font défaut dans le sol.

Donc par cette méthode purement expérimentale, point de doctrines plus ou moins fausses, point de théories pré-conçues, ce sont les plantes elles-mêmes qui nous four-nissent des témoignages absolument tangibles sur la composition de la terre relativement à leurs besoins ; ces témoignages exprimés par les intéressés d'une façon si saisissante et si précise ne peuvent jamais tromper le cultivateur.

Il résulte donc encore de ces expériences que, en com-parant les différents rendements, le nitrate de soude ayant fait passer le produit de la récolte de 1500 kilos de grain avec 3.400 kilos de paille sur le témoin à 2.350 kilos de grain avec 5.360 kilos de paille sur la parcelle n° III, c'est-à-dire de 4.900 kilos à 7.700 kilos de produit total à l'hec-tare, la restitution d'une certaine quantité d'azote est indispensable à la terre de Soindres.

De plus, le nitrate de soude ayant procuré un excédent de rendement de 125 kilos de grain comparativement à la parcelle sur laquelle il avait été appliqué une égale quan-tité en poids de sulfate d'ammoniaque, ce sera plus particulièrement sous la forme nitrique qu'il faudra songer à rapporter l'azote à la terre de Soindres.

C'est, d'ailleurs, de cette façon, je tiens à vous le rappeler encore, que les choses se passent ordinairement.

Comme vous pouvez l'observer également dans la colonne n° 5 de ce tableau, l'acide phosphorique a fait à lui seul passer les rendements de 1500 kilos à 2,125 kilos de grain et de 3.400 à 4.550 kilos de paille.

Nous en déduirons naturellement, toujours d'après les réponses du froment lui-même, que l'acide phosphorique est aussi un des éléments qu'il faudra restituer au sol de Soindres, si l'on ne veut pas y voir s'abaisser le niveau du rendement des récoltes.

La parcelle n° V prouve d'ailleurs, à elle seule, plus péremptoirement encore, ce que je viens de vous faire remarquer relativement à l'usage de l'azote et de l'acide phosphorique sur la ferme de M. Ledru.

La différence qui existe entre le témoin et cette parcelle n° 5 est, en effet, de 1000 kilos de grain et de 1900 kilos de paille à l'hectare.

De tous les rendements inscrits ce sont les plus élevés.

J'ajouterai encore en faveur de l'acide phosphorique que l'application de cet élément a fait passer le poids de l'hectolitre de froment de 77 kilos 500 grammes sur le témoin à 78 kilos 500 grammes sur la parcelle n° IV.

Cette constatation est d'autant plus précieuse à connaître aujourd'hui que le blé se vend exclusivement au poids.

La production économique du froment pour le présent et pour l'avenir ne s'obtiendra à Soindres, comme dans tout sol dont l'analyse par les plantes révélera les mêmes défauts, qu'à la condition expresse qu'on s'adressera simultanément aux deux principes sur lesquels j'ai plus particulièrement appelé votre attention, pour maintenir d'abord et accroître ensuite la fertilité de nos champs : l'azote et l'acide phosphorique.

Tableau II.

Passons maintenant, si vous le voulez bien, au tableau nº II, qui relate les expériences que j'avais entreprises en 1880, sur le domaine de M. Daudier, à Craon, pendant mon séjour dans la Mayenne.

Je me plais, Messieurs, à placer sous vos yeux des résultats obtenus sur des champs d'expériences, établis dans divers départements, pour bien vous démontrer que, malgré la nature différente du sol, malgré un climat tout autre, et aussi très souvent, malgré une mauvaise année, — c'était le cas en 1880, — les engrais chimiques agissent toujours avec efficacité quand ils sont judicieusement employés.

Comme vous pouvez en juger, ces expériences ont été exécutées en suivant les mêmes prescriptions que je vous indiquais tout à l'heure relativement à celles entreprises à Soindres. Sauf les quantités d'engrais qui ont été un peu moins élevées à Craon, rien n'a été changé en ce qui concerne le mode de procéder.

Quoique les chiffres inscrits dans toutes ces colonnes ne puissent pas être tous comparés avec ceux du tableau précédent, attendu que le prix des engrais, de la paille et du grain, a sensiblement varié, depuis 1880, quelques-uns n'en demeurent pas moins parfaitement comparables encore aujourd'hui.

TABLEAU II. — *Résultats des expériences exécutées en 1880 sur le froment d'hiver sur le domaine de M. Daudier, Président du Comice agricole de Craon (Mayenne).*

Numéros d'ordre des parcelles.	Nature de l'engrais.	Quantité d'engrais employée à l'hectare.	Nature des produits pesés.	Rendements exprimés		Excédents de rendements comparativement au témoin. (Grain et paille.)	Recette brute.	Dépenses en engrais chimique à l'hectare.	Recette après défalcation du prix de l'engrais.	Excédents de recette à l'hectare comparativement au témoin.
				en kilos.	en livres.					
1	2	3	4	5	6	7	8	9	10	11
I.	Témoin (sans engrais).	»	Grain... Paille...	750 1.325	1.500 2.650	» »	247 fr. 50 92 75			
							310 fr. 25	»	»	»
II.	Sulfate d'ammo—niaque 54 fr. les 100 kil.	150 kil.	Grain... Paille...	1.650 3.400	3.300 6.800	900 kil. 2.075	478 fr. 50 238 00			
							716 fr. 50	81 fr. »	635 fr. 50	326 fr. 75
III.	Nitrate de soude 43 fr. les 100 kil.	150 kil.	Grain... Paille...	1.950 4.000	3.900 8.000	1.200 kil. 2.675	563 fr. 50 280 00			
							845 fr. 50	64 fr. 50	781 fr. »	470 fr. 75
IV.	Superphosphate de chaux 12 fr. 50 les 100 kil.	200 kil.	Grain... Paille...	1.100 2.050	2.200 4.100	350 kil. 725	319 fr. 00 143 50			
							462 fr. 50	23 fr. »	439 fr. 50	129 fr. »
V.	Engrais complet. sulfate d'ammoniaque Superphosphate	150 kil. 200 kil.	Grain... Paille...	1.700 3.030	3.400 6.060	950 kil. 1.705	493 fr. » 212 »			
							705 fr. »	104 fr. »	601 fr. »	290 fr. 75

Pour obtenir les chiffres qui figurent dans les colonnes de ce tableau n° II, j'ai pris les bases suivantes :

Le blé, a été coté 29 fr. les 100 kilos (1) ;

La paille, 35 fr. les 500 kilos (les 1,000 livres (1).

Les prix des engrais étant inscrits dans la colonne n° 2, je n'y reviendrai pas. Je me permettrai simplement de vous faire remarquer qu'ils étaient beaucoup plus élevés qu'à l'heure actuelle.

En comparant tous ces rendements, il est facile de constater qu'ils confirment tous ceux obtenus sur le champ d'expériences de Soindres.

En effet, de 750 kilos de grain avec 1,325 kilos de paille, sur la parcelle sans engrais, la récolte s'est élevée à *1,950 kilos de grain* et à *4,000 kilos de paille*, sur la parcelle sur laquelle il avait été appliqué 150 kilos de nitrate de soude seulement.

D'où un excédent total de récolte de : 3,875 kilos à l'hectare, se décomposant en 1,200 kilos de grain et 2,675 kilos de paille.

En ce qui concerne la recette brute, l'écart est considérable ; de *310 fr.*, sur le témoin, elle passe à 845 fr. sur la parcelle engraissée avec le nitrate de soude seul, laissant ainsi un excédent de bénéfice de 470 fr. en faveur de l'engrais azoté, après que le prix d'achat de celui-ci a été défalqué.

Le superphosphate de chaux, quoique employé seul et au printemps, a produit néanmoins des effets sensibles. De 750 kilos de grain sur le témoin, la récolte s'est élevée, sur la parcelle n° IV, à 1,100 kilos de grain à l'hectare, procurant ainsi un excédent de rendement de 350 kilos de froment.

Ce qui démontre qu'à la ferme des Carteries (près Craon), comme à Soindres (près Mantes), et comme dans un assez

---

(1) Cours de l'époque.

grand nombre de sols d'ailleurs, quoique l'acide phosphorique n'y soit pas toujours réclamé d'une façon impérieuse,
il faut songer cependant à sa restitution.

Si dans les expériences — dont il s'agit, — le nitrate de
soude et le sulfate d'ammoniaque employés seuls ont produit
des rendements élevés, c'est non seulement parce qu'ils ont
apporté l'élément azoté, mais aussi, parce qu'ils ont con-
tribué, dans une certaine mesure, à la dissolution des
phosphates contenus naturellement dans le sol.

A doses égales, comme dans les expériences de Soindres,
le nitrate de soude a provoqué des rendements en paille
et en grain plus élevés que le sulfate d'ammoniaque.

Je ne reviendrai pas sur la conclusion économique à
tirer de ce tableau, elle est la même d'ailleurs que dans les
expériences précédentes : augmentation de rendement a
l'hectare, partant, bénéfices assurés par l'emploi des engrais
chimiques judicieusement appliqués au sol et aux plantes
auxquels on les destine.

Tableau III.

Le tableau n° III, relate des expériences entreprises sur
l'orge chevalier. Cette orge, comme vous le voyez, produit
des rendements assez élevés. Sa culture très répandue dans
l'Est, à cause des qualités de son grain, est très recherché
des brasseurs, elle commence à s'étendre dans nos départements de l'Ouest. C'est une orge à deux rangs.

Dans ces expériences, l'engrais chimique avait été appliqué quelques instants seulement avant l'ensemencement,
c'était le semoir qui avait enfoui simultanément l'engrais
et la semence. Un coup de rouleau avait terminé l'opération. Vous pouvez juger qu'il n'est résulté rien de bien
fâcheux d'avoir suivi cette manière de procéder ; je vous
engage vous mêmes à l'appliquer en ce qui concerne les
céréales de printemps.

TABLEAU III.

Résultats d'expériences exécutées sur l'Orge Chevalier, en 1880.

Numéros d'ordre des parcelles.	Nature de l'engrais.	Quantité d'engrais employée à l'hectare.	Nature des produits pesés.	Rendements exprimés		Excédents de rendements comparativement au témoin.		Recette brute [1].	Dépense en engrais chimique à l'hectare.	Recette après défalcation du prix de l'engrais.	Excédents de recette à l'hectare comparativement au témoin.
				en kilos.	en livres.	Grain.	Paille.				
1	2	3	4	5	6	7	8	9	10	11	12
I.	Sans engrais (Témoin)	»	Grain...	1.575	3.150	»		315 fr. 00			
			Paille...	1.950	3.900		»	136 50			
								451 fr. 50	»	»	»
II.	Sulfate d'ammoniaque	150 kil.	Grain...	2.050	4.100	475 kil.		410 fr. 00			
			Paille...	2.610	5.220		660 kil.	182 70			
								592 fr. 70	81 fr. »	511 fr. 70	60 fr. »
III.	Nitrate de soude	150 kil.	Grain...	2.112	4.225	547 kil.		422 fr. 50			
			Paille...	2.475	4.950		525 kil.	173 25			
								595 fr. 75	64 fr. 50	531 fr. 25	80 fr. »

[1] D'après les cours de l'époque, le prix du grain a été fixé à 20 fr. les 100 kilos et le prix de la paille à 35 fr. les 1.000 livres.

Comme dans les expériences précédentes, les rendements en paille et en grain ont été notablement rehaussés par l'usage des engrais chimiques simples.

En effet, de 1,575 kilos. de grain avec 1,950 kilos. de paille sur la parcelle sans engrais, le rendement s'est élevé à *2,112 kilos. de grain* avec *2,475 kilos. de paille* sur la parcelle sur laquelle il avait été appliqué du nitrate de soude *seulement*. D'où un excédent de *557 kilos. de grain* et de *900 kilos. de paille* procurant un *bénéfice net de 79 fr.* de plus à l'hectare ; le prix d'achat de l'engrais étant défalqué.

Ici encore, le nitrate de soude a influencé plus fortement la végétation de l'orge que le sulfate d'ammoniaque; la différence en grain s'élève à 62 kilos. en faveur de la parcelle n° III.

Il résulte donc encore des chiffres de ce tableau que les engrais chimiques sont parfaitement rémunérateurs dans la culture de l'orge.

TABLEAU IV.

Les expériences dont les résultats sont consignés sur le tableau IV ont été entreprises à Angerville, en 1884, sur le froment d'hiver, avec le bienveillant concours de M. Menault, conseiller général de Seine-et-Oise.

La manière de procéder ayant été la même que dans les expériences précédentes, je n'insiste pas sur la méthode opératoire et j'aborde immédiatement le fait capital de la question.

Ce champ d'expérience vous démontre d'une façon absolument tangible et irrécusable que l'acide phosphorique est l'élément le plus indispensable à restituer sans délai au sol dont il s'agit sous peine de ne le voir produire que de maigres récoltes.

TABLEAU IV.

*Résultats des expériences d'Angerville exécutées sur le froment
d'hiver en 1884.*

Numéros d'ordre des parcelles.	Nature de l'engrais.	Rendements à l'hectare [1].		Excédents de rendements à l'hectare comparativement au témoin.	
		Grain.	Paille.	Grain.	Paille.
1	2	3	4	5	
I.	Témoin (sans engrais).	2.640 kil.	15 hectol.	»	»
II.	Nitrate de soude 200 kilos.	3.100 kil.	18 hectol.	3 hectol.	460 kil.
III.	Sulfate d'ammoniaque 200 kilos.	2.750 kil.	16 hectol.	1 hectol.	110 kil.
IV.	Superphosphate de chaux 300 kilos.	3.950 kil.	25 hectol.	10 hectol.	1.300 kil.
V.	Engrais complet. Nitrate de soude 200 kilos. Superphosphate 300 kilos.	4.250 kil.	27 hectol.	12 hectol.	1.600 kil.

[1] J'ai pris à dessein pour établir ce tableau la mesure de volume, en ce qui concerne le grain, afin que les cultivateurs qui ont coutume d'évaluer leur récolte en hectolitres possèdent au moins un exemple dont les chiffres soient plus saisissants pour eux.

En effet, tandis que l'application de 300 kilogr. de superphosphate à l'hectare a suffi pour faire passer la récolte de 15 hectolitres de froment avec 2,640 kilos de paille (5,280 livres) sur la parcelle sans engrais, à *25 hectolitres de grain* avec *3,950 kilos de paille* (7,900 livres), l'épandage de 200 kilos de nitrate de soude ou de 200 kilos de sulfate d'ammoniaque n'ont élevé le rendement de la récolte que de 3 hectolitres sur la deuxième parcelle et de un hectolitre sur la troisième avec une augmentation en paille de 460 ou de 110 kilos seulement.

Les engrais azotés ont donc été, ce qui est d'ailleurs fort rare, presque sans influence sur la récolte.

La parcelle V sur laquelle avait été appliqué l'engrais complet est une nouvelle preuve que, quand un des éléments indispensables à la vie des végétaux vient à faire défaut dans le sol, l'efficacité des autres s'en trouve très notablement atténuée.

Le rendement élevé constaté sur la parcelle V ne peut être attribué en effet qu'au superphosphate de chaux et non à l'engrais azoté dont l'action a été relativement faible sur les parcelles II et III.

Il résulte donc que la restitution de l'acide phosphorique s'impose impérieusement au sol du champ d'expériences d'Angerville pour lui maintenir d'abord et lui élever ensuite sa fertilité.

CHAMP D'EXPÉRIENCES

ÉTABLI A SAINT-OUEN-L'AUMONE EN 1883

Pour démontrer l'efficacité du nitrate de soude appliqué à la culture de la betterave à sucre (1).

TABLEAU V.

Quand j'entrepris ces expériences en 1883 à Saint-Ouen-l'Aumône, avec le dévoué concours de M. Dudouy,

---

(1) Les résultats de ces expériences ont été exposés pour la première fois devant le Congrès betteravier qui s'est tenu à Pontoise, le 27 octobre 1883, sous la Présidence de M. Léon Say, sénateur.

7

Président de la Société d'agriculture de Pontoise, j'avais non seulement l'intention de faire ressortir, d'une façon aussi précise que possible, l'influence heureuse qu'exerce le nitrate de soude sur la betterave à sucre en ce qui concerne les rendements en poids et en sucre à l'hectare, mais j'avais encore en vue de répondre expérimentalement, en protestant en quelque sorte par l'intermédiaire des plantes elles-mêmes, à la proscription absolue dont cet engrais avait été l'objet de la part d'un très grand nombre de fabricants de sucre.

Comme il est démontré depuis longtemps que les betteraves les plus volumineuses sont précisément celles qui contiennent le plus de sels et le moins de sucre, et que les plus petites contiennent le plus de sucre et le moins de sels, la plupart des fabricants, pensant (malgré un certain nombre d'expériences prouvant le contraire et aussi malgré la pratique allemande) que le nitrate de soude, qui jouissait et qui jouit encore d'une faveur méritée parmi les agriculteurs, provoquait un développement exagéré de la racine et lui faisait absorber une grande quantité de sels minéraux qui nuisait à l'extraction du sucre, n'avaient pas hésité à le proscrire d'une façon absolue dans les marchés passés avec les cultivateurs.

Il est acquis en effet que 1 de sel empêche de cristalliser 3,5 à 4 environ de sucre.

Aussi pour établir d'une façon aussi péremptoire que possible que la pratique suivie par les agriculteurs était parfaitement fondée quand elle accordait ses faveurs au nitrate de soude, employé toutefois à dose convenable pour alimenter la betterave à sucre, voici comment avaient été organisées les expériences de Saint-Ouen-l'Aumône.

Après avoir divisé la surface du champ d'expériences en dix parcelles d'un are, il avait été épandu sur chacune d'elles une dose déterminée mais croissante de nitrate de soude, sauf sur la parcelle n° 1 qui avait été conservée comme témoin afin de pouvoir ultérieurement comparer les différents rendements.

Sur la première parcelle, aucun engrais (témoin);

Sur la deuxième parcelle, il avait été appliqué 2 kilos de nitrate de soude ;

Sur la troisième parcelle, il en avait été appliqué 3 kilos ;

Sur la quatrième parcelle, 4 kilos ;

Et ainsi de suite jusqu'à la dixième, qui en avait reçu 10 kilos, soit 1,000 kilos à l'hectare.

TABLEAU V.

Champ d'expériences établi à Saint-Ouen-l'Aumône en 1883 pour démontrer l'efficacité du nitrate de soude appliqué à la culture de la betterave à sucre.

Numéros d'ordre.	Quantité de nitrate de soude appliquée à l'hectare.	Rendements en poids de betteraves à l'hectare.	Excédents de rendements comparativement au témoin.	Densité du jus à 15°.	Sucre par décilitre de jus.	Sucre pour 100 de betteraves.	Sucre par hectare.	Sels par décilitre de jus.	Quotient de pureté.	Azote exprimé en nitrate de potasse par décilitre de jus.	Recette brute à l'hectare.
1	2	3	4	5	6	7	8	9	10	11	12
I.	Sans engrais (Témoin).	31.090 kil.	»	1050.6	10.95	9.90	3.077 kil.	0.70	83.50	0gr.023	622f
II.	200 kil.	54.100	23.000 kil.	1050.0	10.60	9.69	5.243	0.81	81.70	0 028	1.082
III.	300	42.545	11.455	1059.7	14.07	12.65	5.371	0.60	91.00	0 018	851
IV.	400	60.090	29.000	1053.5	11.59	10.56	6.545	0.72	83.70	0 018	1.202
V.	500	57.180	26.090	1053.5	12.46	11.36	6.495	0.72	90.20	0 028	1.143
VI.	600	61.545	30.455	1051.9	11.41	10.42	6.412	0.72	84.60	0 023	1.231
VII.	700	54.320	23.230	1052.5	11.64	10.65	5.884	0.70	85.30	0 020	1.086
VIII.	800	56.320	25.230	1056.6	12.71	11.55	6.504	0.71	83.30	0 035	1.126
IX.	900	53.320	22.230	1053.5	12.05	10.98	5.854	0.61	86.80	0 023	1.066
X.	1.000	49.820	18.730	1053.0	11.64	10.42	5.191	0.80	83.20	0 056	996

Dans la 1ʳᵉ colonne du tableau V qui relate les expériences dont je vous entretiens, sont inscrits les numéros d'ordre des parcelles, dans la seconde les quantités d'engrais appliqués et rapportés à l'hectare. D'ailleurs je m'empresse de vous le rappeler encore, tous les chiffres relatifs aux rendements en poids de racines, aux rendements en sucre, et à la quantité d'engrais appliquée ont tous été rapportés à l'hectare ; ils n'en sont que plus saisissants.

La 3ᵉ colonne indique les rendements en poids de betteraves à l'hectare et la 4ᵉ les excédents de rendements constatés comparativement à la parcelle restée sans engrais.

La 5ᵉ colonne fait mention de la densité du jus à 15°, la 6ᵉ relate la quantité de sucre par décilitre de jus de betterave, la 7ᵉ la proportion de sucre pour 100 de racines et la 8ᵉ la quantité de sucre obtenue à l'hectare.

Dans la 9ᵉ colonne se trouve inscrite la proportion de sels par décilitre de jus : dans la 10ᵉ le quotient de pureté, dans la 11ᵉ la quantité d'azote exprimée en nitrate de potasse contenue dans un décilitre de jus. Enfin dans la 12ᵉ colonne est inscrite la recette brute à l'hectare en tablant sur le prix fixe de 20 francs la tonne (les 1,000 kilos) de racines.

Les engrais avaient été épandus le même jour sur toutes les parcelles et parfaitement incorporés au sol.

Le semis des graines de betteraves avait immédiatement suivi l'épandage des engrais et les socs du semoir avaient été écartés de telle sorte que les lignes de betteraves se trouvassent distantes de 0,40 cent. entre elles.

Après les trois binages et le démariage exécutés en temps opportun, les plants étaient écartés de 0,25 cent. entre eux dans les lignes.

Ce qui portait le nombre de betteraves à 10 au mètre carré au moment du plaçage.

La variété choisie était la graine dite de Desprez, n° 2.

A l'arrachage qui eut lieu dans les premiers jours d'octobre, les racines présentaient les caractères parfaits des bonnes races sucrières. Elles étaient toutes bien pivotantes, sans racines latérales, semi-rugueuses, et ne sortaient point de terre.

Des échantillons furent alors prélevés sur chaque parcelle et adressés pour y être analysés à la raffinerie de M. Lebaudy, député, qui avait bien voulu pour cette circonstance mettre gracieusement à ma disposition le laboratoire de cet établissement.

Comme vous pouvez en juger à l'inspection de ce tableau, les rendements en poids de betteraves ont varié dans des proportions considérables par suite de l'application *même exclusive,* du nitrate de soude.

En effet la parcelle n° I qui n'avait pas reçu d'engrais a produit 31,090 kilos de racines seulement à l'hectare, tandis que la parcelle n° VI, sur laquelle il en avait été appliquée 600 kilos, a procuré un rendement de 61,545 kilos, soit un excédent de rendement, en sa faveur, de 30,455 kilos.

La parcelle n° VI est d'ailleurs celle qui a fourni le plus grand rendement en poids à l'hectare.

Il semble donc déjà ressortir de ces expériences que, à part quelques petits écarts, les rendements s'accroissent, jusqu'à concurrence de 600 kilos, proportionnellement à la quantité de nitrate de soude appliquée, pour décroître ensuite jusqu'à la dose exagérée de 1,000 kilos à l'hectare.

« L'excès en tout nuit. »

Les rendements les plus élevés se constatent sur les parcelles IV, V et VI, c'est-à-dire sur celles qui ont reçu 400, 500 et 600 kilos de nitrate de soude à l'hectare.

Ce sont d'ailleurs ces dernières doses qui sont à recommander comme fumure azotée complète de la betterave à sucre.

Fait extrêmement remarquable et sur lequel j'appelle dès aujourd'hui toute votre attention, comme j'ai appelé celle du Congrès betteravier de Pontoise, c'est que, dans tous les échantillons de betteraves provenant des différentes parcelles, la quotité de sels par décilitre de jus a varié dans des limites relativement restreintes et, en outre, point capital, n'a pas augmenté proportionnellement à la quantité de nitrate de soude appliquée, comme d'aucuns auraient pu le présumer.

Le nitrate de soude n'a donc pas favorisé l'absorption des sels minéraux.

Cette quantité de sels n'a pas été plus élevée avec une application de 200 kilos de nitrate de soude qu'avec une dose de 1,000 kilos à l'hectare.

Elle est, en effet, restée stationnaire entre 0,70 et 0 gr. 72 par décilitre de jus.

Les quantités de sels les plus faibles constatées par décilitre de jus sont accusées par les parcelles III et IX; c'est-à-dire par celles qui avaient reçu 300 et 900 kilos de nitrate de soude à l'hectare.

Comme il était extrêmement intéressant de savoir si le nitrate de soude appliqué même à doses exagérées à la culture de la betterave à sucre, à l'exclusion de tout autre engrais, ne serait pas absorbé par les racines des betteraves proportionnellement à la quantité reçue par chacune des parcelles en expériences, j'avais prié M. Lebaudy de vouloir bien faire doser l'azote, à l'état nitrique, rencontré dans le jus des divers échantillons de betteraves soumis à l'analyse et de l'exprimer, comme on a coutume de le faire en pareil cas, en nitrate de potasse.

Ces analyses ont démontré que, les *nitrates n'ont pas augmenté dans le jus des betteraves* en expérience proportionnellement à la quantité de nitrate de soude appliquée sur chaque parcelle.

En effet si l'échantillon fourni par le témoin qui n'a reçu aucun engrais, montre que la quantité de nitrate absorbé par les betteraves ne s'y est pas élevée à plus de

0 gr. 023 par décilitre de jus, l'échantillon prélevé sur la parcelle n° IX qui avait reçu cependant 900 kilos de nitrate de soude à l'hectare montre également que la proportion de nitrate absorbé n'y a pas été plus grande.

J'ajouterai même que si les parcelles VII et X révèlent des chiffres un peu plus forts, les parcelles n°ˢ III, IV et VII en annoncent de plus faibles et les parcelles IX et VI d'analogues.

Ces analyses ont, en outre, démontré que la quantité de sucre ne s'abaissait pas, même avec des doses exagérées de nitrate de soude. Les colonnes n°ˢ 6, 7 et 8 du tableau V en témoignent d'une façon assez péremptoire pour qu'il me soit inutile d'y insister.

Sauf la parcelle n° II, qui offre un résultat à peu près identique à celui du témoin, toutes les autres indiquent des rendements plus forts.

Qu'il me suffise donc de vous faire remarquer que la parcelle sans engrais a fourni un jus de betterave dont la densité n'était que de 1050,6 et un rendement en sucre de 10,95 par décilitre de jus, tandis que les parcelles sur lesquelles il avait été appliqué 300 et 1,000 kilog. de nitrate de soude, ont procuré : la première une densité de 1059,7 avec un rendement en sucre de 14,07 par décilitre de jus ; la seconde une densité de 1053 avec une richesse en sucre de 11,64 par décilitre de jus.

Enfin si on consulte la colonne n° 10, relatant les quotients de pureté des divers échantillons de betterave, l'efficacité du nitrate de soude apparaît encore plus saisissante. C'est avec 500 kilog. de nitrate de soude à l'hectare (parcelle n° V) que le quotient de pureté est le plus élevé — 90,20.

Si, comme dans les expériences précédentes, nous recherchons quels sont les avantages qui résultent au point de vue économique de l'emploi judicieux du nitrate de soude, nous remarquons que, par l'application de 400 kilos de cet engrais (1), c'est-à-dire pour une dépense de 100 fr. seulement, la recette brute s'est élevée de 622 fr. sur le témoin (2), à *1,202 fr.* sur la parcelle n° IV. Soit en faveur de l'engrais un excédent de recette brute de 480 fr.

Ce sont, comme on peut s'en convaincre, les parcelles qui ont reçu : 400, 500 et 600 kilog. de nitrate de soude à l'hectare, qui ont procuré les recettes brutes les plus élevées.

Pour me résumer, on peut déduire des expériences exécutées à Saint-Ouen-l'Aumône :

1° Que le nitrate de soude employé à doses convenables sur les betteraves à sucre (espacées entre elles de façon à permettre que leur nombre s'élève à un minimum de 10 au mètre carré au moment du plaçage) élève très sensiblement le rendement en poids sans nuire à la richesse saccharine ;

2° Que la quantité de sels dans le jus n'augmente pas proportionnellement à la quantité de nitrate de soude appliquée ;

3° Que la quantité de nitrate (exprimée en nitrate de potasse) ne s'élève pas non plus dans le jus des betteraves, en raison de la quantité de nitrate de soude incorporée au sol comme engrais ;

4° Que le nitrate de soude ne porte pas préjudice à la qualité de la betterave à sucre, mais qu'au contraire, il est très efficace à cette racine ;

5° Enfin qu'en élevant très notablement les *rendements en poids et en sucre à l'hectare, sans nuire à la qualité de la betterave,* il procure par son usage des *bénéfices plus élevés* au *cultivateur* et au *fabricant.*

. . . .

. . . .

Il ressort, Messieurs, de cet entretien déjà long, que, la

---

(1) Le nitrate de soude a été coté 25 francs les 100 kilogr.
(2) La tonne de betterave a été coté 20 francs.

fertilité du sol que nous cultivons étant une chose presque pondérable, il ne faut pas, quand on est véritablement soucieux de ses intérêts, l'abandonner au hasard. Il faut au contraire en posséder, en quelque sorte, une comptabilité à jour.

Désormais, grâce à la méthode d'investigation que je viens de vous exposer il vous sera toujours facile d'arriver à ce résultat et d'obtenir des indications indispensables qui vous permettront d'atteindre les hauts rendements.

Il vous suffira, je vous le répète, d'interroger vos sols par l'intermédiaire des plantes, pour connaître quels en sont les besoins.

Aux petites récoltes s'attachent inévitablement les petits bénéfices, par conséquent la gêne sous toutes ses formes.

Pour obtenir les grands rendements de récoltes, auxquels il faut sans cesse viser aujourd'hui, il faudra vous souvenir que le secret réside plus particulièrement dans les fumures maxima.

Il y a un vieil adage agricole qui dit : « *à petit fumier, petit grenier* ».

Je me plais à penser, Messieurs, que, si dès cette année, ceux, parmi vous, qui n'ont pas encore fait usage des engrais chimiques simples, ne se disposent pas, dès le début, quoique convertis à la doctrine, à en faire l'achat de quantités importantes, ils ont, toutefois, l'intention de les employer sur des petites surfaces dans le but de créer des champs d'expériences analogues à ceux que j'avais organisés dans le département et dont j'ai eu l'honneur de vous faire connaître les résultats.

APPENDICE

LE PHOSPHORE.

Le Phosphore Ph. est un corps qui ne se rencontre jamais libre à l'état naturel; il est toujours engagé dans des combinaisons plus ou moins complexes.

Il entre dans la constitution de tous les êtres vivants : animaux ou végétaux. C'est la raison pour laquelle le rôle qu'il joue dans la nature est de la plus haute importance.

Pur, le phosphore est un corps solide, d'un blanc jaunâtre translucide, s'enflammant à l'air avec la plus grande facilité. Aussi est-on obligé pour le conserver de le maintenir sous l'eau.

Lorsqu'il brûle à l'air, il absorbe 5 équivalents d'oxygène et donne naissance à un nouveau corps qui a l'aspect d'une poudre blanche appelée acide phosphorique anhydre $Ph\,O^5$, c'est-à-dire acide phosphorique sans eau.

Toutefois, cette sorte d'acide phosphorique ne peut s'allier directement aux bases pour constituer des combinaisons avant d'avoir absorbé préalablement trois équivalents d'eau pour former : $Ph\,O^5\,3\,HO$.

Sous cet état, qui a le caractère d'un véritable sirop, il se combine à la chaux, à la potasse, à la soude, pour former des sels qu'on appellent phosphates : de chaux, de potasse, de soude, etc.

Avec la chaux, comme avec toutes les bases en général, il forme trois combinaisons parfaitement définies, qui sont :

Le phosphate tribasique de chaux, $Ph\ O^5$, 3 Ca O.
Le phosphate bibasique de chaux, $Ph\ O^5$, 2 Ca O, H O.
Le phosphate monobasique de chaux, $Ph\ O^5$, Ca O 2 H O.

Comme on le voit dans l'exemple qui nous occupe la base qui est la chaux arrive à se substituer d'une façon totale à 3 équivalents d'eau dans le phosphate tribasique, à deux équivalents d'eau dans le phosphate bibasique et à un seul équivalent d'eau dans le phosphate monobasique.

La dernière combinaison le phosphate monobasique de chaux, appelé aussi monocalcique ou phosphate acide de chaux, est connue plus spécialement dans le commerce sous le nom de superphosphate de chaux; elle est seule soluble dans l'eau pure.

Le phosphate acide de chaux est également soluble dans le citrate d'ammoniaque alcalin et à froid.

Le phosphate bibasique de chaux ou phosphate bicalcique, appelé aussi phosphate neutre de chaux, est comme le précédent un produit fabriqué par l'industrie; il est insoluble dans l'eau pure, *mais soluble dans le citrate d'ammoniaque alcalin et à froid.*

Le phosphate tribasique de chaux ou tricalcique d'origine naturelle ou artificielle est insoluble dans l'eau pure, mais un peu soluble dans l'eau chargée d'acide carbonique.

Quant au phosphate tribasique de chaux obtenu artificiellement par précipitation (c'est le phosphate précipité) il est également soluble dans le citrate d'ammoniaque alcalin et à froid.

Le phosphate tribasique de chaux, obtenu par précipitation, jouit par conséquent des mêmes propriétés que le phosphate bibasique en ce qui concerne le point de vue qui nous occupe.

Dans le commerce, ces différents phosphates ont deux origines, ils peuvent provenir soit des os des animaux, soit du sein de la terre où ils constituent des assises puissantes, comme dans le Lot, ou simplement des lits de rognons plus ou moins importants (Meuse, Ardennes).

Dans les os qui n'ont subi aucune préparation, c'est-à-dire dans les *os verts*, comme on les appelle, l'acide phosphorique est combiné à trois équivalents de chaux. Les phosphates des os étant des phosphates tribasiques de chaux, ils sont par conséquent insolubles dans l'eau.

Les os verts contiennent de 21 à 22 p. 0/0 d'acide phosphorique, plus une petite proportion d'azote organique 4 p. 0/0 environ.

On ne peut naturellement en faire usage qu'autant qu'ils ont été réduits en poudre plus ou moins fine.

Comme les phosphates fossiles on peut sans crainte employer les os verts à doses relativement élevées : 1000 kilog. à l'hectare.

Cendres d'os. — Les cendres d'os proviennent de la calcination des os à l'air libre. L'aspect de ces cendres est généralement d'un blanc mat. Elles contiennent environ 35 p. 0/0 d'acide phosphorique insoluble dans l'eau et dans le citrate d'ammoniaque.

Les cendres d'os sont peu employées en agriculture.

Noir animal. — C'est surtout en Bretagne qu'on fait usage du noir animal sur une vaste échelle. Cet engrais provient de la calcination des os en vase clos. On distingue les noirs neufs, c'est-à-dire ceux qui n'ont pas servi et qui contiennent environ 30 p. 0/0 d'acide phosphorique et les noirs vieux, c'est-à-dire ceux qui ont été employés par l'industrie du sucre comme décolorants.

Le noir animal est l'objet de fraudes sans pareilles de la part d'un certain nombre de marchands peu scrupuleux. C'est avec de la tourbe qu'on parvient le plus facilement à le falsifier, et cela d'autant mieux que les noirs se vendent à l'hectolitre et non aux 100 kilos. Inutile, en effet, de rechercher une matière noire, dense, quand on a sous la main un corps qui occupe un grand volume sous un faible poids. On s'évite des frais de transport.

Comme tous les autres engrais, les noirs doivent être achetés au poids et sur titre garanti.

SUPERPHOSPHATES.

MINÉRAUX.

Lorsqu'on traite les phosphates fossiles (phosphates tribasiques de chaux) par l'acide sulfurique en quantité suffisante on précipite la chaux à l'état de sulfate de chaux et l'acide phosphorique du phosphate devient libre.

Cependant, dans la pratique, suivant la dose d'acide sulfurique employée relativement à la nature du phosphate fossile qu'on attaque, les choses ne se passent pas toujours ainsi et il en résulte que les superphosphates contiennent généralement :

De l'acide phosphorique libre,
Du phosphate tribasique de chaux non attaqué,
Du phosphate monobasique de chaux,
Du phosphate bibasique de chaux,
Du sulfate de chaux ;

plus des impuretés telles que : de la silice, de l'alumine, du fer, etc., etc.

SUPERPHOSPHATES D'OS.

Quand, au lieu de phosphate fossile, on traite des os par l'acide sulfurique on obtient ce qu'on appelle dans le commerce des superphosphates d'os.

Un certain nombre de cultivateurs préfèrent les superphosphates d'os aux superphosphates minéraux parce qu'en vieillissant la réaction dite de la *rétrogradation* [1] ne se produisant que faiblement par suite du peu de fer et d'alumine que les os renferment relativement aux phosphates minéraux, il en résulte qu'ils conservent plus longtemps leur acide phosphorique à l'état soluble dans l'eau.

Il n'est pas inutile de faire remarquer toutefois, à ce sujet, que quand les superphosphates minéraux ont été bien fabriqués l'acide phosphorique qu'ils contiennent a une valeur, à très peu de chose près, égale à l'acide phosphorique soluble contenu dans les superphosphates d'os.

PHOSPHATES PRÉCIPITÉS.

Les phosphates précipités proviennent pour la plupart du

---

(1) On appelle *rétrogradation* la réaction qui a pour effet de transformer l'acide phosphorique soluble dans l'eau en acide phosphorique insoluble dans ce véhicule. Toutefois, les phosphates bicalciques, ainsi que les phosphates de fer et d'alumine qui prennent naissance sont solubles dans le citrate d'ammoniaque alcalin à froid quand ils sont de récente formation.

traitement des os dans les fabriques de gélatine. Aujourd'hui, cependant, une partie de ces phosphates est fabriquée avec des phosphates d'origine minérale.

Quand on traite, en effet, les os par l'acide chlorhydrique comme cela se pratique dans les fabriques de gélatine, tous les sels qu'ils contiennent sont dissous; il ne subsiste plus après l'opération que le tissu de l'os formé uniquement par de la matière animale, c'est de la gélatine brute.

Si à ce moment on décante le liquide qui contient l'acide phosphorique en dissolution et qu'on y ajoute un lait de chaux, il se forme un précipité de phosphate bibasique et tribasique de chaux : *c'est le phosphate précipité.*

Suivant la quantité de chaux ajoutée la proportion de phosphate bibasique et tribasique de chaux est variable.

S'ils étaient toujours convenablement fabriqués, les phosphates précipités possèderaient une valeur très sensiblement égale aux superphosphates de chaux; ils auraient même sur eux un avantage, c'est de contenir une plus grande proportion d'acide phosphorique par 100 kilogrammes.

A cause de l'infériorité signalée, on leur préfère le plus généralement les superphosphates.

VERSAILLES, IMPRIMERIE CERF ET FILS, RUE DUPLESSIS, 59.

BIBLIOTHEQUE NATIONALE DE FRANCE
3 7531 05684817 0